Fundamentals of Fluid Mechanics

기초 유체역학

이용화 지음

세진사

머리말

유체역학은 정지상태의 유체와 흐르는 유체에 대한 힘과 흐름의 현상 및 에너지를 다루는 학문으로서 많은 공업분야에서 필요로 하고 있습니다. 기계공학, 토목공학, 건축공학 및 건축기계설비공학 등 많은 공업분야에서 그 분야의 기술자가 반드시 유체역학에 대한 기초 내용을 이해하여야만 이들 분야의 실무에 적용 및 이용할 수가 있습니다.

대학생의 경우, 역학이라고 하면 잘 이해하지 못하고 난해한 과목으로 인식하고 있는 경우가 많은데, 그것의 한 원인으로는 개념 이해의 부족 및 고도의 수학적 지식의 미비 등을 들 수 있습니다. 따라서 이 책에서는 독자들에게 고도의 복잡한 유체역학에 대한 이해를 목적으로 하지 않고, 누구나 쉽게 유체역학에 입문할 수 있는 입문서로 생각하여 유체 정역학과 동역학에 대한 기본 개념을 위주로 이해하기 쉬운 수학 전개법을 사용하여 가급적 쉽게 접근할 수 있도록 하였습니다.

책의 구성은 유체에 대한 기본개념, 유체 정역학, 유체 운동에 대한 기본 개념 및 점성유체의 관내 흐름과 관련된 에너지 해석, 펌프가 설치된 배관계의 해석, 차원해석에 대해 서술하였습니다. 또한 충분한 예제를 통해 이론적인 내용을 쉽게 이해할 수 있도록 하였으며, 단위는 SI 단위를 사용하였습니다.

그리고 앞에서도 말한 바와 같이 유체역학의 기초 내용을 익힐 수 있게 한다는 생각으로 저술하였으나, 설명이 부족하거나 오류 및 미비한 점이 많을 것으로 사료되므로 독자들의 지적을 받아 앞으로 지속적으로 검토·보완할 생각입니다.

끝으로 이 책이 나오기까지 많은 도움을 주신 도서출판 세진사 문형진 사장님께 깊이 감사드립니다.

저자 씀

차 례

제1장 유체의 성질과 기초사항 ···· 3

1.1 유체 ···· 3
1.2 단위계 ···· 4
1.3 밀도와 비중 ···· 7
1.4 압력 ···· 9
1.5 압축성 ···· 10
1.6 점도와 뉴턴의 점성법칙 ···· 12
1.7 표면장력과 모세관 현상 ···· 16

제2장 유체정역학 ···· 21

2.1 압력 ···· 21
2.2 액체의 깊이와 압력 ···· 25
2.3 압력의 측정 ···· 28
2.4 평면에 작용하는 액체의 전압력 ···· 37
2.5 부력 ···· 42

제3장 유체 흐름의 기초 ···· 47

3.1 유체 흐름의 형태 ···· 47
3.2 연속의 법칙 ···· 52
3.3 유체의 에너지 보존 ···· 56
3.4 베르누이 정리의 응용 ···· 62

제4장 원관 내의 흐름 ···· 77

4.1 유체마찰 ···· 77
4.2 층류와 난류 ···· 77
4.3 원관 내의 층류 흐름 ···· 83

제5장 실제 유체의 흐름 ··· 91

5.1 실제 관로 내 흐름에서의 관마찰 손실 ··· 91

5.2 관내의 부차적(국부) 손실 ··· 101

5.3 상당관 길이 ··· 118

제6장 개방회로, 밀폐회로 및 펌프 ··· 123

6.1 실제 관로에 베르누이 식의 적용 ··· 123

6.2 개방회로와 밀폐회로 ··· 125

제7장 차원해석과 상사법칙 ··· 131

7.1 차원해석과 π정리 ··· 131

7.2 상사법칙 ··· 136

Chapter 01

유체의 성질과 기초사항

Chapter 01 유체의 성질과 기초사항

1.1 유체

물질은 고체(solid), 기체(gas) 및 액체(liquid)의 3가지 형태를 갖는다.

수돗물을 예로 들면, 15℃에서 물은 액체, 이것을 그릇에 담아 온도를 높이면 증발하여 기체로, 그리고 이것을 용기에 넣어 냉동고에 넣어 두면 고체로 변화한다. 고체는 분자끼리의 결합력이 강하지만, 기체는 분자끼리의 결합력이 약하고 자유롭게 운동할 수 있는 상태에 있다.

이들 형태 중 간단히 형상을 변화시키는 것이 가능한 기체와 액체를 유체(fluid)라고 말한다. 예를 들면, 기체인 수증기와 액체인 물은 유체이지만, 고체인 얼음은 유체가 아니다.

유체는 고체보다도 분자간 거리가 길어 분자운동 범위가 크다. 따라서 유체에 전단력을 가하면 쉽게 변형을 일으킨다. 즉, 유체는 정지상태에서 전단력을 받으면 반드시 영구변형을 일으켜 흐름의 원인이 되지만, 고체는 탄성한계 이내에서는 힘과 변형이 비례하지만 외력을 제거하면 변형이 원래 상태로 되돌아간다.

또한 액체는 쉽게 압축할 수 없는 유체, 기체는 쉽게 압축할 수 있는 유체이다. 우리 주변에 있는 대표적인 액체로는 물을 들 수 있으며, 대표적인 기체로는 공기가 있다.

유체역학(fluid mechanics)은 유체에 의한 각종 물체 내외를 흐르는 유체의 거동과 그것에 의해서 발생하는 힘, 모멘트 및 에너지 손실을 논하는 학문이다.

1.2 단위계

길이, 시간, 질량, 힘 및 가속도와 같은 물리량은 서로 밀접한 관계가 있다.

일반적으로 크기를 나타낼 때에는, 가장 기본적이고 공통적인 물리량을 기본 물리량으로 정하며, 보통 길이, 시간, 질량 또는 중량 등을 기본 물리량으로 정한다. 그리고 면적, 체적, 밀도, 속도 등은 기본 물리량의 조합으로 표현할 수 있으며, 이와 같은 물리량을 유도 물리량이라고 한다. 이러한 수치적으로 나타내는 측정해야 할 양에 대한 기준을 정해야 한다. 이것을 단위(unit)라고 한다.

여러 가지 물리량을 기본 물리량과 유도 물리량으로 구분하고, 단위를 정한 것을 단위계라고 한다. 현재 사용되고 있는 단위계는 크게 나누어 절대 단위계, 중력 단위계, 그리고 국제단위계의 세 가지이다. 이 중에서 공업적으로 많이 사용하는 단위계는 중력 단위계와 국제단위계이다.

1.2.1 중력 단위계

공학 단위계라고도 하며, 현재 우리나라 공업 분야에서 널리 사용하고 있는 단위계이다.

길이[m], 시간[s] 및 중량 또는 힘[kgf]을 기본단위로 한다. 이들 이외의 물리량은 이 3개의 기본단위를 이용하여 표현한다. 여기서, 중량의 단위는 질량 1 kg인 물체가 지구의 표준중력에 의해서 생기는 힘을 말하며, 다음과 같이 정의한다.

$$\begin{aligned} 1\,\text{kgf} &= \text{질량} \times \text{표준중력가속도} \\ &= 1\,\text{kg(질량)} \times 9.80665\,\text{m/s}^2 \quad \cdots\cdots (1-1) \end{aligned}$$

1.2.2 국제단위계

지구의 중력 가속도는 지역과 고도에 따라 변하기 때문에, 중력 단위계에서 기본단위로 채택한 중량도 달라진다. 따라서, 1960년 국제 도량형 총회에서는 1개의 물리량은 1개의 단위를 가진다는 원칙으로 기본단위와 조립 단위(유도 물리량의 단위)로 된 국제단위계를 제정하였다. 국제단위계는 SI 단위계(International system of units)라고도 한다. <표 1-1>에는 국제단위계의 기본단위를 나타내었다. 이 중에서 유체 역학에서는 질량, 길이 및 시간의 세 가지 기본단위를 주로 사용한다.

〈표 1-1〉 국제단위계의 기본단위

양	단위 명칭	단위 기호
길 이	미터	m
질 량	킬로그램	kg
시 간	초	s
전 류	암페어	A
열역학 온도	켈빈	K
물질량	몰	mol
광 도	칸델라	cd

<표 1-2>에는 유체 역학에서 주로 사용되는 물리량의 SI조립 단위와 중력 단위를 함께 나타내었다.

〈표 1-2〉 SI조립 단위와 중력 단위

양	SI 단위계				중력 단위계
	명칭	기호	타 SI 단위에 따른 표시방법	SI 기본단위에 따른 표시방법	
힘	뉴턴	N		$kg \cdot m/s^2$	kgf
압력, 응력	파스칼	Pa	N/m^2	$kg/(m \cdot s^2)$	kgf/m^2
일, 에너지	줄	J	$N \cdot m$	$kg \cdot m^2/s^2$	$kgf \cdot m$
동력	와트	W	J/s	$kg \cdot m^2/s^3$	$kgf \cdot m/s$

중력 단위계에서는 중량 또는 힘을 기본단위로 하였으나, SI 단위계에서는 힘을 기본단위로 하지 않고 조립 단위 N을 사용한다. 힘은 뉴턴(Newton)의 운동 제2법칙에 의해 (질량 × 가속도)이므로, 1 kg의 질량을 1 m/s^2의 비율로 가속할 때 필요한 힘을 1 N으로 정의한다.

중력 단위계와의 환산 관계를 보면 다음과 같다.

$$1\,kgf = 1\,kg \times 9.80665\,m/s^2 = 9.80665\,kg \cdot m/s^2 = 9.80665\,N \quad (1-2)$$

또한 단위에 곱해지는 10의 배수의 접두어를 <표 1-3>에 나타내었다.

〈표 1-3〉 단위 접두어와 기호

기호	접두어	크기	기호	접두어	크기	기호	접두어	크기
T	Tera	10^{12}	h	Hecto	10^{2}	m	Milli	10^{-3}
G	Giga	10^{9}	da	Deca	10	μ	Micro	10^{-6}
M	Mega	10^{6}	d	Deci	10^{-1}	n	Nano	10^{-9}
k	Kilo	10^{3}	c	Centi	10^{-2}	p	Pico	10^{-12}

예제 1.1

달 표면에서의 중력가속도는 지구상에서의 1/6**에 상당한다. 지구상에서** 60 kgf**의 사람이 달 표면에 설 때 달에서의 체중은 몇** kgf**인가? 또한** SI **단위로 질량**(kg)**과 체중**(N)**은 얼마인가?**

풀이 1) 달에서의 체중 : 체중 $= 60 \times \dfrac{1}{6} = 10\ \text{kgf}$

2) SI 단위 :

① $60\ \text{kgf} = 60\ \text{kg} \times 9.80665\ \text{m/s}^2$이므로 지구에서의 질량은 60 kg이며, 어디에서나 변하지 않으므로 60 kg이다.

② 체중 $= 60\ \text{kg} \times 9.80665\ \text{m/s}^2 \fallingdotseq 588\ \text{N}$

예제 1.2

질량의 단위는 공학 단위계에서 어떻게 표시되는가?

풀이 중량 = 질량 × 가속도이므로, 질량은 $\dfrac{\text{중량}}{\text{가속도}}$으로 나타낼 수 있다.

공학 단위계에서 중량의 단위는 kgf, 가속도의 단위는 m/s^2이므로

질량의 단위는 $\text{kgf}\cdot\text{s}^2/\text{m}$이 된다.

1.3 밀도와 비중

<그림 1-1>과 같이 직육면체 용기 내에 액체가 들어있는 상태를 생각한다. 이 용기의 바닥면의 2변의 길이가 각각 a [m]와 b [m], 높이가 c [m]인 직육면체라고 하면, 이 액체의 체적은 $V = abc$ [m^3]으로 된다. 이 직육면체 용기 내의 액체의 질량을 M [kg]이라고 하면, 단위체적당 질량[밀도(density)라고 함]은 다음과 같이 구해진다.

$$\rho = \frac{M\,[\mathrm{kg}]}{V\,[\mathrm{m}^3]} = \frac{M}{V}\ [\mathrm{kg/m^3}] \quad \cdots\cdots (1-3)$$

일반적으로 중량은 질량 M에 중력가속도 $g(\fallingdotseq 9.8\ \mathrm{m/s^2})$를 곱하여, $M\,[\mathrm{kg}] \times 9.8\,[\mathrm{m/s^2}] = 9.8M\,[\mathrm{N}]$으로 주어진다. 따라서 액체의 중량은 식 (1-3)의 관계로부터 알 수 있듯이 $M = \rho V$이므로 $9.8\rho V$ [N]으로 된다. 그러나 무게를 측정하는 데는 중량 킬로그램 [kgf] (공학단위계)가 일반적으로 이용되고 있다. 예를 들어 <그림 1-1>의 직육면체를 저울에 달은 경우, 저울로 측정한 무게가 W [kgf]일 때 양자가 같으므로

$$W\,[\mathrm{kgf}] = \rho\ [\mathrm{kg/m^3}] \times 9.8\ [\mathrm{m/s^2}] \times V\,[\mathrm{m^3}] = 9.8\rho V\,[\mathrm{N}] \quad \cdots\cdots (1-4)$$

가 성립한다. 따라서 식 (1-4)에서 액체의 밀도 ρ는 다음과 같이 된다.

$$\rho\ [\mathrm{kg/m^3}] = \frac{W\ [\mathrm{kgf}]}{9.8\ [\mathrm{m/s^2}] \times V\,[\mathrm{m^3}]} \quad \cdots\cdots (1-5)$$

액체의 체적과 질량을 알고 있을 때에는 식 (1-3)의 관계를 이용하면 좋다.

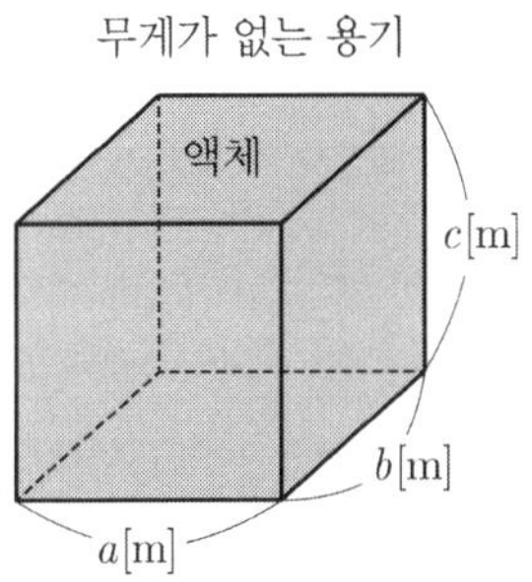

체적 $V = abc$ [m^3]
질량 M[kg]
밀도 $\rho = \dfrac{M}{V}$ [kg/m^3]
중량 $W[\mathrm{kgf}] = \rho g V = gM$
$= \rho[\mathrm{kg/m^3}] \times 9.8\ \mathrm{m/s^2} \times V[\mathrm{m^3}]$
$= 9.8\rho V[\mathrm{kg \cdot m/s^2}]$
$= 9.8\rho V[\mathrm{N}]$

〈그림 1-1〉 밀도

예를 들어 물의 밀도에 대해 알아본다. 체적이 1 cm^3인 물이 표준대기압에서 4℃일 때, 그 질량은 1 g이다.

따라서 1 m^3의 물의 질량은 그 체적이 1,000,000 cm^3이므로, 1,000,000 g = 1,000 kg으로 된다.

그러므로 식 (1-3)에서 물의 밀도 ρ_w는 $\rho_w = 1{,}000\ \mathrm{kg/m^3}$이 됨을 알 수 있다.

물 이외의 액체에 대해서는 비중(specific gravity) S라는 용어를 사용한다.

비중이란 그 액체의 밀도 ρ와 물의 밀도 ρ_w와의 비 $S = \rho/\rho_w$를 말한다.

예를 들면 수은의 비중이 13.6이라고 하면, 수은의 밀도 ρ_H는 물의 밀도 ρ_w의 13.6배 즉, $\rho_H = 13.6\rho_w = 13{,}600\ \mathrm{kg/m^3}$이다.

공학단위계에서는 단위체적당 중량을 비중량(specific weight)이라고 하며, γ로 표시한다. 비중량 γ와 밀도 ρ는 다음의 관계가 있다.

$$\gamma = \rho g\ [\mathrm{kgf/m^3}] \qquad (1-6)$$

또한 단위질량당 차지하는 체적을 비체적(specific volume) v라고 하며, 다음과 같이 나타낸다.

$$v = \frac{V\,[\mathrm{m^3}]}{M\,[\mathrm{kg}]} = \frac{V}{M}\ [\mathrm{m^3/kg}] = \frac{1}{\rho}\ [\mathrm{m^3/kg}] \qquad (1-7)$$

예제 1.3

25 L의 용기에 20 kg의 기름이 들어 있다. 이 기름의 밀도와 비중을 구하라.

풀이 $M = 20\ \mathrm{kg},\ V = 25\ \mathrm{L} = 25 \times 10^{-3}\ \mathrm{m^3}$

밀도 : $\rho = \dfrac{M}{V} = \dfrac{20}{25 \times 10^{-3}} = 800\ \mathrm{kg/m^3}$

비중 : $S = \dfrac{\rho}{\rho_w} = \dfrac{800}{1{,}000} = 0.8$

예제 1.4

어느 물질의 비중이 상온에서 0.9일 때, 이 물질의 밀도는 얼마인가?

풀이 $\rho = s \cdot \rho_w = 0.9 \times 1{,}000 = 900\ \mathrm{kg/m^3}$

1.4 압력

유체에 작용하는 힘을 생각할 때 압력이라고 하는 개념이 중요하다.

압력에 대한 상세한 내용은 2장에서 설명할 것이며, 여기서는 압력이란 어떤 것인가에 대한 대략적인 것만을 생각해 보도록 한다.

<그림 1-2>에 나타난 바와 같이 물체에 가해지는 힘에는 전단력(shear), 인장력(tension), 압축력(compression)의 3종류가 있다. 압력(pressure)은 압축력에 대한 저항에 상당하는 힘으로서 단위면적당 면의 수직방향의 힘이다.

이 압력을 보통 p라고 나타내며, SI 단위에서는 [Pa]을 사용한다. 따라서 압력 p의 단위 [Pa]에는 다음과 같은 관계가 있다.

$$p = \frac{F\,[\mathrm{N}]}{A\,[\mathrm{m}^2]} = \frac{F}{A}\,[\mathrm{N/m^2}] = \frac{F}{A}\,[\mathrm{Pa}] \quad \cdots\cdots (1-8)$$

따라서 $[\mathrm{Pa}] = [\mathrm{N/m^2}]$이다.

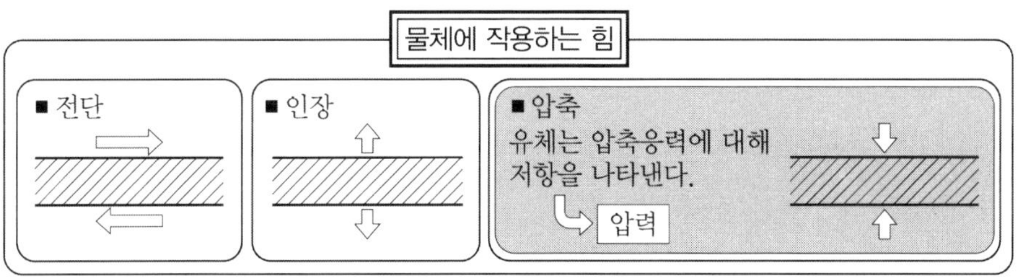

〈그림 1-2〉 물체에 작용하는 힘

1.5 압축성

<그림 1−3>과 같이 용기 각각에 물과 공기를 넣고, 그것을 임의의 일정한 힘으로 누른 경우, 물과 공기의 변화를 생각한다. 액체인 물은 눌러도 속에 있는 물은 체적이 거의 변화하지 않는다. 이에 비해 기체인 공기를 누르면 공기의 체적은 감소하게 된다. 이와 같은 유체의 성질을 압축성(compressibility)이라고 부른다. 공기가 압축하기가 쉬워 압축성이 크다. 압축성을 구체적인 수치로 나타낸 것으로서 압축률이 있다.

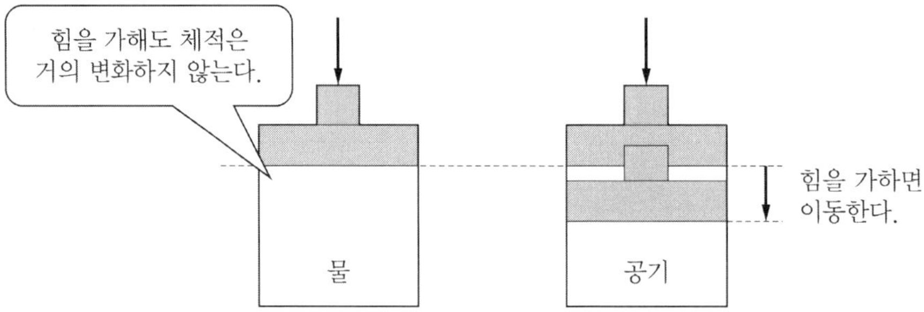

〈그림 1−3〉 힘을 가한 물과 공기의 압축

압력 $p\,[\mathrm{Pa}]$가 작용하는 용기 내의 액체 체적이 $V\,[\mathrm{m}^3]$일 때, 여기에 힘이 가해져 압력이 $\Delta p\,[\mathrm{Pa}]$만큼 더 가해지면 액체의 체적은 압축되어 $\Delta V\,[\mathrm{m}^3]$만큼 감소하게 된다.

압축률(compressibility) $\beta\,[\mathrm{Pa}^{-1}]$는 체적 감소율(체적의 변화량/최초의 체적)과 압력증가량의 비로서 다음과 같이 된다.

$$\beta = \frac{-\dfrac{\Delta V}{V}}{\Delta p} \quad \cdots\cdots (1-9)$$

표준대기압, 상온에서 공기의 압축률은 약 $10^{-5}\,[\mathrm{Pa}^{-1}]$, 물의 압축률은 약 $0.5\times10^{-9}\,[\mathrm{Pa}^{-1}]$이다. 압축률이 큰 공기가 물보다도 압축하기 쉬움을 알 수 있다.

압축률의 역수를 체적탄성계수(bulk modulus) $K\,[\mathrm{Pa}]$라고 하며, 단위는 압력의 단위와 같다.

체적탄성계수와 압축률의 관계를 다음에 나타내었다.

$$K = \frac{1}{\beta} = \frac{\Delta p}{-\frac{\Delta V}{V}} \quad \cdots\cdots (1-10)$$

그리고 압축하기 쉬운지 어려운지의 판단에 따라 유체는 압축성 유체(compressible fluid)와 비압축성 유체(incompressible fluid)로 분류할 수 있다. 공기는 압축성 유체이지만 물은 비압축성 유체로 볼 수 있다.

예제 1.5

1 atm의 압력을 받고 있는 물의 체적을 1% 감소시키기 위해서는 얼마의 압력을 가해야 하는가? 또한 1 atm의 물 1 m^3가 1 MPa만큼 가압되었을 때의 체적 변화량을 구하라.
(단 물의 체적탄성계수는 2 GPa이다.)

풀이 1) $K = \frac{1}{\beta} = \frac{\Delta p}{-\frac{\Delta V}{V}}$ 에서 $\Delta p = K\left(-\frac{\Delta V}{V}\right) = 2 \times 10^9 \times 0.01 = 2 \times 10^7 \text{ Pa}$

2) $\Delta V = \frac{-V\Delta p}{K} = \frac{(-1) \times (1 \times 10^6)}{2 \times 10^9} = -0.5 \times 10^{-3} \text{ m}^3$

1.6 점도와 뉴턴의 점성법칙

유체가 흐를 때의 특성은 유체의 점도에 따라 달라진다.

점도는 감각적으로는 '끈끈함'을 나타내며, 물엿과 같은 것은 점도가 크고, 물과 같은 것은 점도가 작다.

점도의 특성은 유체가 정지하고 있을 때에는 나타나지 않지만, 유체가 흐르고 있을 때에는 나타난다.

이 절에서는 점도는 어떻게 결정되는지, 또한 점도를 사용하여 나타내는 것이 가능한 유체의 흐름의 법칙에 대해서 설명한다. <그림 1-4>와 같이 무게가 없는 평면과 바닥(정지벽)과의 사이에 액체를 채우고 평판을 천천히 수평방향으로 움직여 보자.

지금 평판과 바닥 사이의 간격을 h, 평판을 끌어당기는 속도를 U, 평판에 수평방향으로 가하는 힘을 F로 한다.

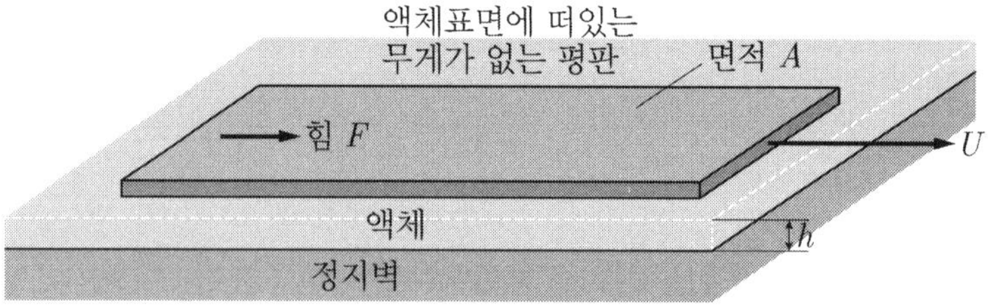

〈그림 1-4〉 평판의 이동

고체의 경우에는 재료역학에서 다루듯이 고체의 임의의 단면에 작용하는 응력으로서 수직응력과 전단응력이 있다.

유체의 경우에도 이와 똑같이 유체의 미소요소의 면상에 작용하는 응력으로서 앞 절에서 설명한 압력과 그 면에 평행하게 작용하는 전단응력을 생각할 수 있다. 고체와 크게 다른 점은 유체의 경우에는 유체가 흐르지 않으면 전단응력이 발생하지 않는 점이다.

전단응력과 평판에 가해지는 힘과의 관계는 평판의 면적 A, 전단응력을 τ라고 하면,

$$F = A\tau \qquad (1-11)$$

로 주어진다. 따라서 전단응력 τ의 단위는 다음 식과 같이 압력과 같은 단위가 된다.

$$\tau = \frac{F\,[\mathrm{N}]}{A\,[\mathrm{m}^2]} = \frac{F}{A}\,[\mathrm{N/m^2}] = \frac{F}{A}\,[\mathrm{Pa}] \qquad (1-12)$$

액체는 벽면에 달라붙는 점착성이 있기 때문에 정지 벽에 접하는 얇은 액체층이 정지하고 있지만 윗 벽면에 접하는 액체층은 윗 벽면의 속도 U로 이동한다. 그 상태를 <그림 1-5(a)>에 나타내었다. 정지벽과 이동벽 중간에 임의의 액체층은 그림과 같이 서서히 어긋나서 마치 트럼프 카드를 겹쳐 놓은 것 같이 각각의 층이 평행하게 어긋나게 된다.

판에 접하는 유체 층은 판과 동일한 속도를 가지게 된다. 따라서 그림 (b)와 같이 평판과 바닥 사이의 액체에는 직선상의 속도분포가 발생한다.

정지평판과 이동평판 사이의 이와 같은 흐름을 쿠에트 흐름(couette flow)이라고 한다.

쿠에트 흐름의 특징은 흐름 중에 전단응력만이 발생하고, 압력이 흐름 중에서 일정한 값을 갖는다. 일반적으론 흐름에는 후술하는 바와 같이 층류와 난류가 있지만, 위에서 설명한 내용은 층류의 경우를 취급하고 있다. 이와 같은 흐름은 층류 쿠에트 흐름이라고 하다.

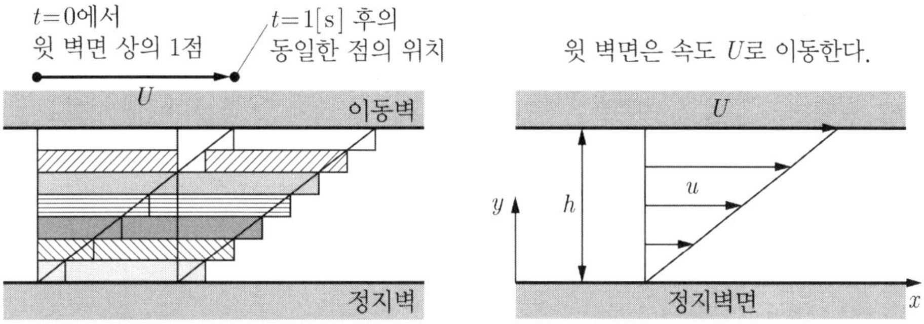

(a) 유체층의 미끄러짐 (b) 속도분포

〈그림 1-5〉 점성의 영향(Couette 흐름)

<그림 1-5(b)>에 나타낸 속도 분포 기울기를 속도 구배라고 한다.

층류에서는 U/h로 주어진다. 속도 U는 유체입자가 1[s] 사이에 이동하는 거리이기 때문에 단위를 포함하여 쓰면 U[m/s]로 된다.

그러므로 속도 구배는 $U\,[\mathrm{m/s}]/h\,[\mathrm{m}] = U/h\,[1/\mathrm{s}]$로 된다.

층류에서는 유체의 각 층이 천천히 어긋나면서 이동하여 간다.

정지 벽면상에 x축, 이것에 수직으로 y축을 취하고 유속을 u라고 하면, 흐름이 층류일 때 전단응력 τ와 속도 구배 du/dy 사이에는 다음 식이 성립한다.

$$\tau = \mu \frac{du}{dy} \qquad (1-13)$$

여기서 μ는 점도라고 하며, 온도가 일정하면 일정한 값을 나타내는 유체 고유의 물성치이다.

뉴턴(Isaac Newton, 1642~1727)은 상기와 같은 방법으로 판을 인장력 F와 속도 U를 변화시켜서 점도를 측정하였다.

유체의 종류는 여러 가지이기 때문에, 식 (1−13)을 적용할 수 없는 유체도 있지만, 식 (1−13)의 관계가 성립하는 유체를 뉴턴 유체라고 한다.

그리고 식 (1−13)의 관계식을 뉴턴의 점성법칙이라고 한다.

물, 공기, 글리세린 수용액 등 우리들이 일상생활에서 자주 사용하는 유체는 뉴턴 유체에 속하기 때문에 이 책에서는 뉴턴 유체만을 다루도록 한다.

<그림 1−5>의 경우, 속도 구배가 $du/dy = U/h$이기 때문에 점도 μ의 단위 [Pa·s]는 식 (1−13)으로부터 다음 식과 같이 유도된다.

$$\mu = \frac{\tau\,[\mathrm{Pa}]}{U/h\,[1/\mathrm{s}]} = \frac{\tau h}{U}\,[\mathrm{Pa\cdot s}] \quad \cdots\cdots (1-14)$$

점성 계수의 단위로 poise라는 단위가 사용되는데, 1 poise = 0.1 Pa·s이다.

유체의 점성 계수 μ를 밀도 ρ로 나눈 값 ν를 동점성 계수(kinematic viscosity)라고 하며, 다음 식과 같이 된다.

$$\nu = \frac{\mu\,[\mathrm{Pa\cdot s}]}{\rho\,[\mathrm{kg/m^3}]} = \frac{\mu}{\rho}\,[\mathrm{m^2/s}] \quad \cdots\cdots (1-15)$$

동점성 계수의 단위로 stokes라는 단위가 사용되는데, 1 stokes = 1 $\mathrm{cm^2/s}$이다. 흐름에 대한 점성의 영향을 생각하는 경우, 점성 계수 μ보다 동점성 계수 ν가 더 잘 이용된다.

<표 1−4>에 표준 대기압 하에서의 물과 공기의 점성 계수와 동점성 계수를 나타내었다.

〈표 1-4〉 표준 대기압에서의 물과 공기의 점성 계수 및 동점성 계수

물			공기		
온도[℃]	μ [Pa·s]	ν [m²/s]	온도[℃]	μ [Pa·s]	ν [m²/s]
0	1.792×10^{-3}	1.792×10^{-6}	0	1.710×10^{-5}	1.322×10^{-5}
5	1.520×10^{-3}	1.520×10^{-6}	10	1.760×10^{-5}	1.410×10^{-5}
10	1.307×10^{-3}	1.307×10^{-6}	20	1.809×10^{-5}	1.501×10^{-5}
15	1.138×10^{-3}	1.139×10^{-6}	30	1.857×10^{-5}	1.594×10^{-5}
20	1.002×10^{-3}	1.0038×10^{-6}	40	1.904×10^{-5}	1.689×10^{-5}
25	0.890×10^{-3}	0.893×10^{-6}	50	1.951×10^{-5}	1.786×10^{-5}
30	0.797×10^{-3}	0.801×10^{-6}	60	1.998×10^{-5}	1.885×10^{-5}

예제 1.6

<그림 1−6>에 나타낸 바와 같이 10 mm의 간격을 가진 평행한 두 평판 사이에 기름이 가득 차 있다. 아래쪽 평판을 고정하고 위쪽 평판을 아래 쪽 평판과 평행한 방향으로 3 m/s의 속도로 움직일 때, 두 평판 사이에서 발생하는 전단 응력은 몇 Pa인가? (단, 기름의 점성 계수는 0.52 Pa·s이다)

풀이

$$\tau = \mu\frac{\Delta u}{\Delta y} = 0.52\times\frac{3}{10\times10^{-3}} = 156\ \text{Pa}$$

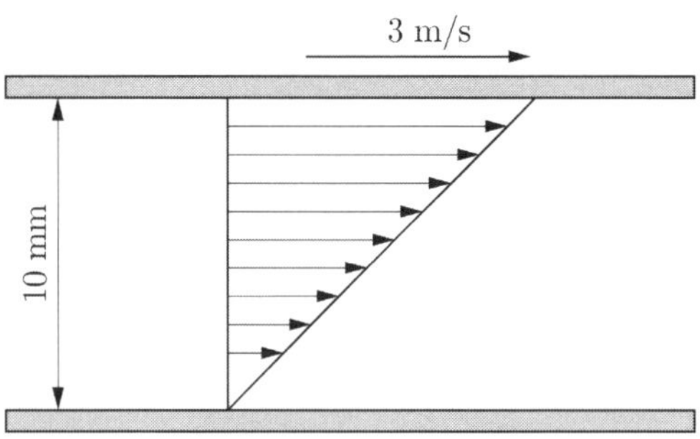

〈그림 1–6〉 예제 그림

예제 1.7

점성 계수가 0.0015 Pa·s, 밀도가 900 kg/m^{3}인 액체의 동점성 계수를 구하시오.

풀이 $\nu = \frac{\mu}{\rho} = \frac{0.0015}{900} = 1.667\times10^{-6}\ \text{m}^2/\text{s}$

1.7 표면장력과 모세관 현상

기체에 접하는 액체의 자유표면에는 분자력에 의한 응집력이 작용한다.

예를 들면, 나뭇잎 상의 물방울이 둥글게 되는 것을 본 적이 있는데, 이것은 응집력에 의한 것이다. 한편 물속에 가느다란 유리관을 세우면 <그림 1-7(a)>에 나타낸 바와 같이 유리관 내의 물이 상승한다. 이것은 고체 벽면에 부착하려고 하는 부착력에 의한 것이다.

액체의 응집력과 부착력의 대소관계에서 관내의 액면이 상승하는지, 하강하는지가 결정된다.

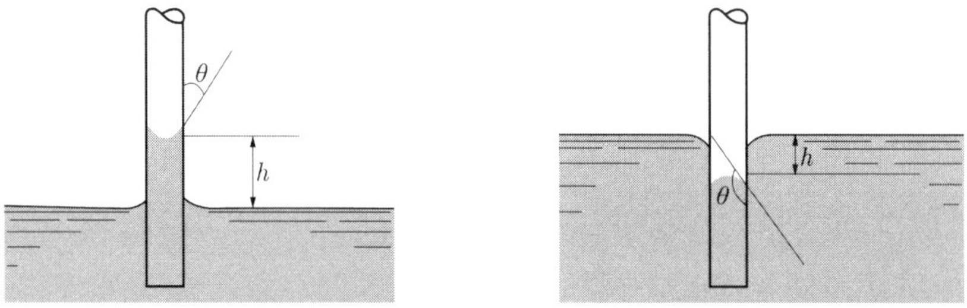

(a) 물과 유리　　(b) 수은과 유리

〈그림 1-7〉 응집력과 부착력의 모세관 현상

그림 (a)에서는 부착력이 응집력보다 크기 때문에 액면이 상승한다. 그러나 그림 (b)의 수은의 경우에는 관내의 표면이 자유표면보다 내려가며, 관경이 가늘수록 더 내려간다. 이것은 부착력이 응집력보다 작은 경우이다.

이 현상을 모세관 현상(capillarity)이라고 한다. 액체의 모세관 현상에 의해서 물이 상승하는 액면의 높이는 표면장력(surface tension)에 의한 윗방향의 힘과 물의 무게와의 평형으로부터 구해진다.

표면장력 σ의 크기는 경계면의 단위길이 [m]당 장력 [N]으로 나타내기 때문에 단위는 [N/m]로 표시된다.

그림에서 표면 장력에 의한 물 표면의 상승높이를 h라고 하자. 또한 그림에 나타낸 바와 같이 표면장력이 유리와 물의 접촉하는 원주상에 작용하여 그 접촉각이 유리관 표면과 θ의 각도를 이루는 경우, 표면 장력에 의해 물이 수직 상향방향으로 인장되는 힘과 인장된 물의 중력이 균형이 되어 물이 정지하기 때문에 다음 식이 성립한다.

$$\pi d\sigma\cos\theta = \pi\frac{d^2}{4}\rho g h$$

$$\therefore\ h = \frac{4\sigma\cos\theta}{\rho g d} \quad \cdots\cdots (1-16)$$

여기서, d는 유리관의 직경, ρ는 물의 밀도이다.

식 (1−16)은 표면장력에 의해 수면이 상승하는 높이 h를 나타내는 식이다.

예제 1.8

20℃ **물 속에 안지름이** 5 mm**인 유리관을 세워 놓았을 때, 관내의 물은 얼마만큼 상승하겠는가**? (물과 관 사이의 접촉각은 0°, 물의 표면장력은 73×10^{-3} N/m, 물의 밀도는 998 kg/m^{3}이다)

풀이 $\cos\theta = 1$

$$h = \frac{4\sigma\cos\theta}{\rho g d} = \frac{4\times73\times10^{-3}\times1}{998\times9.8\times0.005} = 5.97\times10^{-3}\ \text{m} = 5.97\ \text{mm}$$

예제 1.9

20℃ **수은 속에 안지름이** 5 mm**인 유리관을 세워 놓았을 때, 관내의 수은은 얼마만큼 하강하겠는가**? (수은과 관 사이의 접촉각은 135°, 수은의 표면장력은 476×10^{-3} N/m, 수은의 밀도는 13.55×10^3 kg/m^{3}이다)

풀이 $\cos\theta = -0.7071$

$$h = \frac{4\sigma\cos\theta}{\rho g d} = \frac{4\times476\times10^{-3}\times\cos135°}{13.55\times10^3\times9.8\times0.005} = -2\times10^{-3}\ \text{m} = -2\ \text{mm}$$

Chapter 02

유체정역학

Chapter 02

유체정역학

유체정역학은 유체요소 사이에 상대운동이 없는 유체들을 취급하며, 대표적인 것으로서 정지유체를 들 수 있다. 상대운동이 없는 유체에서는 점성을 고려하지 않으므로 마찰력이나 전단응력이 존재하지 않는다. 따라서 유체가 면에 미치는 압력에 의한 힘은 면에 수직 방향으로만 작용되며, 면에 접한 방향으로는 힘이 전달되지 않는다.

이 장에서는 정지유체의 힘의 평형으로부터 물속의 깊이와 압력과의 관계나 수압에 의해 벽이 받는 힘 등을 계산하는 방법에 대해 설명한다.

2.1 압력

2.1.1 압력의 성질

면적 A인 평판에 균일한 유체압력이 작용하여 그 결과 평판이 받는 힘(면적 A 전체에 작용하는 압력)이 F가 될 때

$$p = \frac{F}{A} \qquad (2-1)$$

으로 표시되는 p를 압력(pressure), 그리고 F를 전압력(total pressure)이라고 한다.

압력은 다음의 3가지 성질을 가지고 있다.

① 유체의 압력은 유체와 접촉하는 벽면에 언제나 수직으로 작용한다.
② 임의의 한 점에 작용하는 압력은 방향에 관계없이 일정하다.
③ 밀폐된 용기에 넣은 유체의 일부에 압력을 가하면, 이 압력은 모든 방향으로 동일한 세기로 전달된다(Pascal의 원리).

Pascal의 원리는 <그림 2−1>과 같이 면적 a인 작은 피스톤을 f인 힘으로 누르면 발생하는 압력은 $p=\dfrac{f}{a}$이며, 이 압력은 같은 세기로 면적 A인 피스톤에 작용하여 $F=pA$인 힘을 전하게 된다. 이것이 수압기(hydraulic press)의 원리이다.

$$p=\frac{f}{a}=\frac{F}{A} \qquad (2-2)$$

$A>a$가 되게 하면, 작은 힘 f로 큰 힘 F를 발생시킬 수 있다.

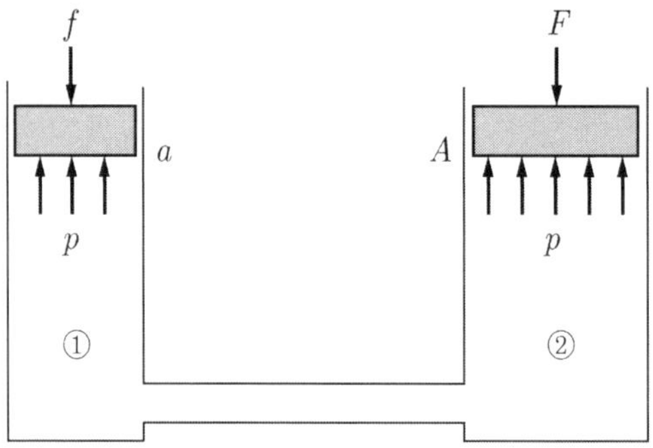

〈그림 2-1〉 파스칼의 원리

예제 2.1

<그림 2−1>에서 $a=100\ \text{cm}^2$, $A=200\ \text{cm}^2$이고 $f=100\ \text{N}$일 때, 힘 F는 얼마인가? 또한 피스톤 ②를 5 cm 들어 올리려면 피스톤 ①은 얼마나 하강시켜야 하는가?

풀이 1) $F=f\dfrac{A}{a}=100\dfrac{200}{100}=200\ \text{N}$

2) 이동거리를 각각 l_1, l_2라고 하면 $al_1=Al_2$이므로

$$l_1=\frac{A}{a}l_2=\frac{200}{100}\times 5=10\ \text{cm}$$

2.1.2 절대압력과 게이지 압력

자동차 타이어내의 공기압은 대기압보다도 크지만, 밀폐된 용기 내의 공기를 진공펌프로 빼낸 경우에는 대기압보다도 압력이 작게 된다. 이와 같은 경우 진공이라는 용어도 사용하지만, 엄밀히 말하면 정확한 표현은 아니다.

압력에 대한 정확한 표현으로 절대압력과 게이지 압력에 대한 용어를 이해하는 것이 좋다. 즉, 압력의 단위는 파스칼 [Pa]을 사용하지만, 압력을 표현하는 데는 <그림 2-2>에 나타낸 바와 같이 다음의 2가지가 있다.

- 절대압력(absolute pressure) : 완전 진공상태로부터의 압력을 기준으로 하는 압력
- 게이지압력(gauge pressure) : 측정시의 대기압을 기준으로 하는 압력

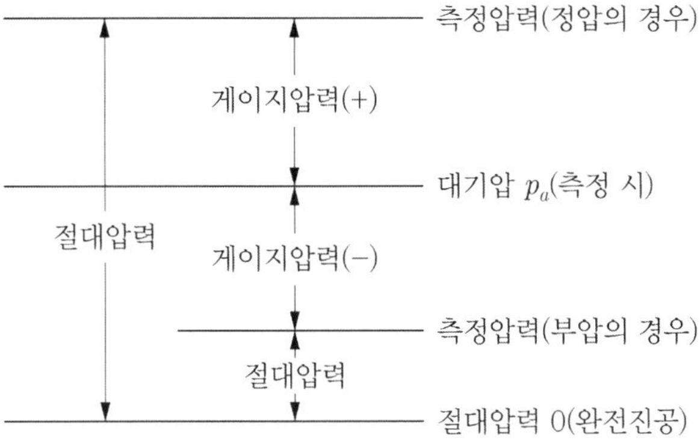

〈그림 2-2〉 절대압력과 게이지 압력

물리학이나 이론식에 나타나는 압력은 완전진공(절대진공)을 기준으로 한 절대압력을 주로 사용한다. 그러나 일반 공학에서는 국소대기압 이상과 이하의 압력을 구분하기도 하지만, 보통 압력이라고 하면 게이지 압력의 정압(正壓)을 뜻하게 되고 부압(負壓)을 진공압력으로 표시한다. 즉, 측정 시 압력값이 그 때의 대기압보다도 큰 경우 게이지 압력은 (+)값인 정압이 된다. 또한 대기압보다도 적은 경우에는 게이지 압력이 (−)값의 부압이 된다. 진공의 정도가 증가하면 게이지 압력의 부압값이 증대한다. 또한 완전진공 상태의 절대압력은 0이다.

압력을 측정하는 계기로서는 압력계(pressure gauge) 또는 진공계(vacuum gauge)가 있다. <그림 2-2>에 나타내었듯이 절대압력과 게이지압력 사이에는 다음과 같은 관계가 있다.

$$\text{절대압력} = \text{대기압} + \text{게이지압력} \quad \cdots\cdots (2-3)$$

2.1.3 압력의 단위

압력의 단위로는 주로 SI 단위계에서 1 Pa(pascal) = 1 N/m^2, 미터계 중력 단위로 kgf/cm^2, 영국 단위계에서는 psi(pound per square inch)를 사용한다. 이들 간의 단위 환산관계는 다음과 같다.

$$1 \text{ bar} = 10^5 \text{ Pa} = 1.0197 \text{ kgf/cm}^2 = 14.50385 \text{ psi} = 750.06 \text{ mmHg}$$

기상학분야에서의 표준기압으로서 atm이 있으며, 단위환산 관계는 다음과 같다.

$$1 \text{ atm} = 760 \text{ mmHg} = 101.3 \text{ kPa}$$

또한 공학분야의 공학기압으로서 at가 있다.

$$1 \text{ at} = 1 \text{ kgf/cm}^2 = 10 \text{ mH}_2\text{O}(= \text{mAq}) = 98.07 \text{ kPa}$$
$$= 735.5 \text{ mmHg}$$

예제 2.2

압력탱크 내에 설치되어 있는 압력계가 500 kPa**를 지시하고 있다. 이 때의 대기압이** 750 mmHg **일 때, 절대압력은 몇** kPa**인가?**

풀이 식 (2-3)에서 절대압력 = 대기압 + 게이지압력 = $\frac{750}{760} \times 101.3 + 500 \fallingdotseq 600$ kPa

예제 2.3

물기둥 20 m**의 높이에 상당하는 압력은 몇** kPa**인가? 또한 압력** 0.5 kgf/cm^2**에 상당하는 수은 기둥의 높이는 얼마인가?** (다만, 수은의 밀도는 13,600 kg/m^{3}이다)

풀이 1) $p = \rho g h = 1{,}000 \times 9.8 \times 20 = 196{,}000 \text{ Pa} = 196 \text{ kPa}$

2) $0.5 \text{ kgf/cm}^2 = 5{,}000 \text{ kgf/m}^2 = 5{,}000 \times 9.8 = 49{,}000 \ \frac{\text{N}}{\text{m}^2}$ 이므로

$$h = \frac{p}{\rho g}$$
$$= \frac{49{,}000}{13{,}600 \times 9.8} = 0.368 \text{ mHg} = 368 \text{ mmHg}$$

2.2 액체의 깊이와 압력

정지한 유체에 중력만이 작용하고 있을 때, 유체 내부의 압력변화를 생각한다.

지금 <그림 2-3>과 같이 임의의 깊이에 있는 수평방향의 아주 작은 단면적(微小斷面積) dA, 길이 L의 동일한 물로 이루어진 원기둥을 생각한다. 그리고 이 원기둥에 작용하는 수평방향의 힘의 균형을 생각하면, 다음 식과 같이 된다.

$$p_1 dA = p_2 dA$$

$$\therefore \ p_1 = p_2 \qquad (2-4)$$

이것은 정지하고 있는 유체 속의 같은 수평면 내에서는 압력의 크기가 같음을 뜻한다.

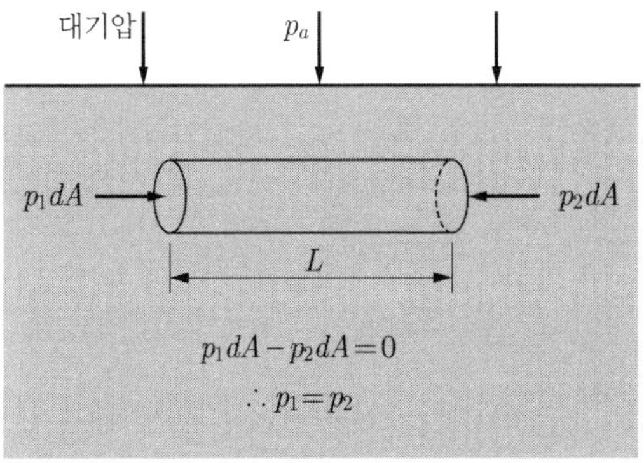

〈그림 2-3〉 물 속에서의 수평방향의 압력

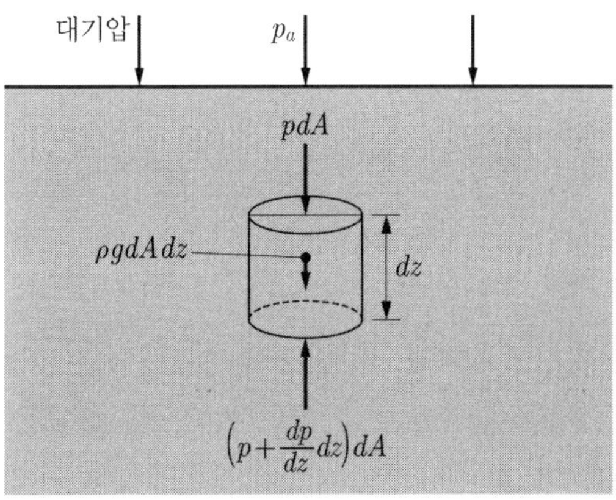

〈그림 2-4〉 물 속에서의 수직방향의 압력

또한 <그림 2-4>에서 아주 작은(微小) 원기둥의 단면적을 dA, 밑면에 작용하는 압력을 p, 수직방향으로 아주 작은 거리 dz만큼 떨어진 윗면에 작용하는 압력을 $p+\frac{dp}{dz}$라고 하면, 이 원기둥에 작용하는 힘의 관계식은 다음과 같다.

$$pdA-\left(p+\frac{dp}{dz}dz\right)dA+\rho g\,dAdz=0$$

$$\therefore\ \frac{dp}{dz}=\rho g \quad \cdots\cdots (2-5)$$

이것은 수직방향의 압력 구배, 즉 압력의 변화율 $\frac{dp}{dz}$는 유체의 비중량(ρg)과 같으며, 압력은 위쪽으로 향할수록 적어진다.

액체가 비압축성 유체일 때에는 ρ가 일정하므로 윗 식을 $dp=\rho g\,dz$로 변형하여 수면에서 깊이 h까지 적분하면,

$$p=\rho g\int dz=\rho gz+c \quad \cdots\cdots (2-6)$$

이 된다. 여기에서 c는 적분상수이다.

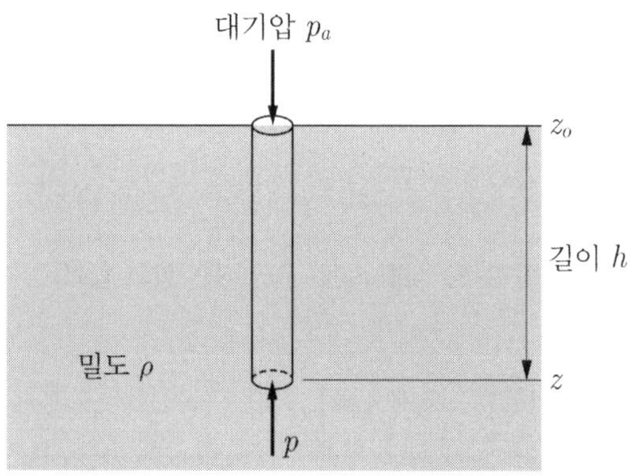

〈그림 2-5〉 물의 깊이와 압력과의 관계

<그림 2-5>와 같이 액면 $z_0(=0)$인 곳을 원점으로 잡고, 또한 액면에 작용하는 압력을 p_a라고 하면 $z=z_0=0$일 때 $p=p_a$이므로

$$c=p_a \quad \cdots\cdots (2-7)$$

이 된다.

따라서

$$p = p_a + \rho g z \quad \cdots\cdots (2-8)$$

그리고 수면으로부터 깊이 h인 곳에서의 압력은

$$p = p_a + \rho g h \quad \cdots\cdots (2-9)$$

이다.

윗 식으로부터 정지 상태에 있는 유체의 압력은 유체가 담겨 있는 용기의 크기나 형상에는 관계가 없으며, 단지 비중량(ρg)과 깊이(h)에 비례함을 알 수 있다. 즉, <그림 2-6>에서 용기의 형상에 관계없이 용기 내 AB선상에 있는 모든 점에서의 압력은 동일하다.

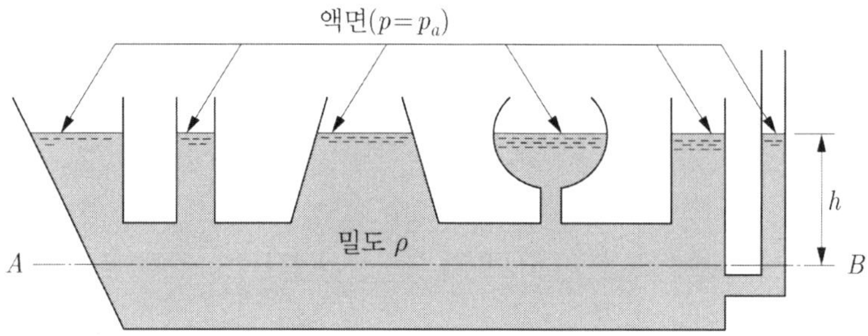

〈그림 2-6〉 임의의 형상의 용기 내에서의 유체의 평형

예제 2.4

바닷물 수면으로부터 200 m **밑에 있는 지점에서의 압력을 게이지압력과 절대압력으로 각각 구하시오.** (단, 바닷물의 밀도는 $\rho = 1{,}025\ \dfrac{\text{kg}}{\text{m}^3}$으로 계산하시오)

풀이 1) 게이지 압력 $p_g = \rho g h = 1{,}025 \times 9.8 \times 200 = 2{,}009{,}000\ \text{Pa} = 2.009\ \text{MPa}$

2) 절대압력 $p = p_g +$ 대기압 $= 2.009 + 0.101 = 2.11\ \text{MPa}$

2.3 압력의 측정

액주(液柱)나 고체의 무게 혹은 탄성체의 탄성변화에 의해 발생하는 응력 등을 이용하여 압력을 측정하는 계기를 압력계(pressure gauge)라고 한다.

절대압력을 측정하는 기구로서는 Aneroid 기압계와 수은기압계(1643년 Torricelli에 의함, <그림 2-7>)가 있으며, 대기압에 대한 상대적 압력인 게이지 압력 측정 기구로는 브르동(Bourdon)관 압력계와 액주계 등이 있다. 여기서 브르동관 압력계(<그림 2-8>)와 아네로이드(Aneroid) 기압계 등을 기계적 압력계라고 한다.

그리고 관내 액주의 높이에 의해 압력을 측정하는 즉, $p = \rho g h$의 관계를 이용하는 액주 압력계로는 비교적 작은 압력이나 10 Pa 이내의 압력차를 측정하는데 적절하며, 더욱 정밀한 압력측정에는 미압계를 이용한다.

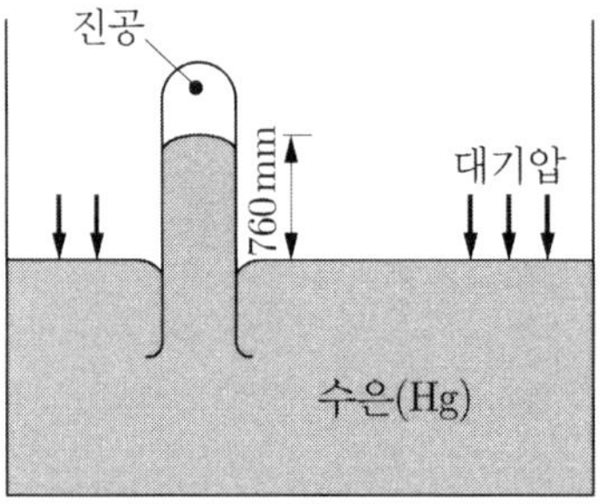

〈그림 2-7〉 토리첼리의 기압계

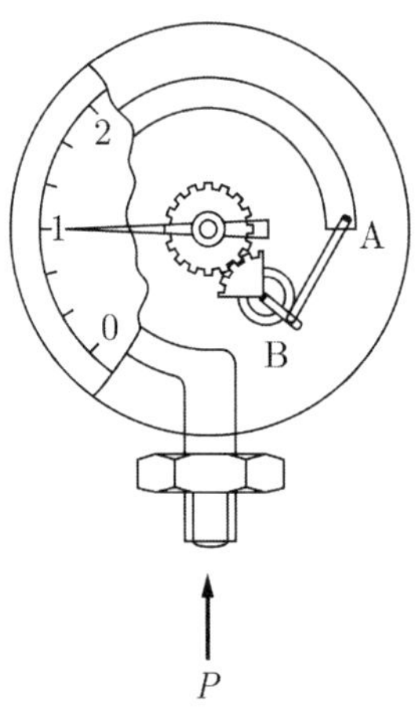

〈그림 2-8〉 브르동관 압력계

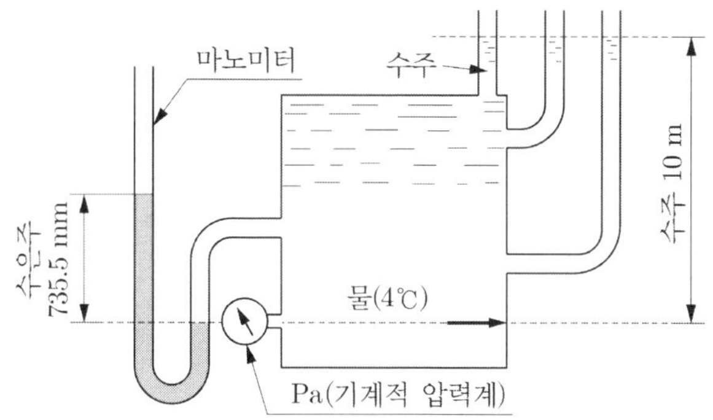

〈그림 2-9〉 액주계

<그림 2-9>에서 보는 바와 같이 유리와 같이 투명한 재질로 된 눈금기둥을 측정하고자 하는 압력원에 연결하여 액주의 높이를 읽는 것이 액주계인데, 액주계의 액체가 측정하려 하는 유체와 같은 경우를 피에조미터(piezometer)라고 하며, 다른 유체를 사용하는 경우에는 마노미터(manometer)라고 한다.

<그림 2-9>의 오른편 3개의 물기둥(액주)은 모두 피에조미터로서 액주 높이는 동일할 것이므로 어느 것을 이용하여도 결과는 같다.

액주계는 액주의 높이에 따라 유체의 압력을 측정함으로써 사용이 편리하고 장치가 간단하며 그리고 정확한 압력을 측정할 수 있다.

2.3.1 피에조미터

피에조미터는 액주계의 액체가 압력을 측정하려고 하는 유체와 동일한 경우로서, 액주 압력계 중 가장 간단하다. 따라서 탱크나 관 속의 작은 유체 압력을 측정하는데 편리하다.

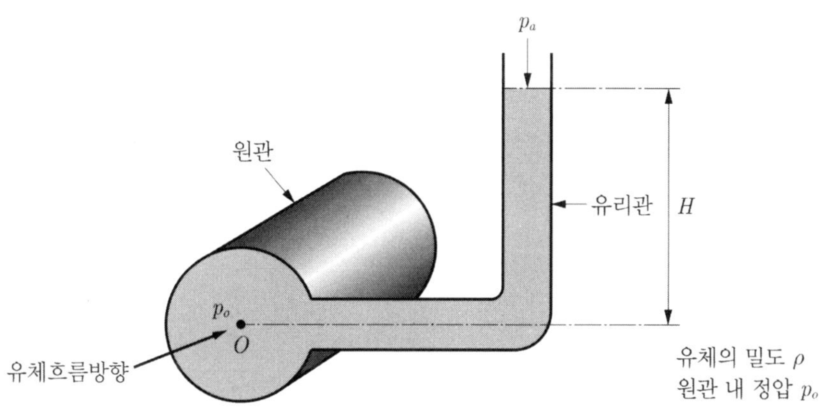

〈그림 2-10〉 피에조미터

<그림 2-10>은 원관 내를 흐르고 있는 액체의 정압(靜壓)을 피에조미터로 측정하는 것을 나타낸 것이다. 원관 벽에 정압 구멍을 뚫고 그것과 수직으로 유리관을 설치하면 액체는 유리관 내를 상승하여 높이 H의 위치에서 정지한다. 이 때 높이 H를 측정하면 관내의 정압 p_o를 측정할 수 있다. 유리관 꼭대기가 대기에 개방되어 있기 때문에 거기에 대기압 p_a가 작용한다. 또한 액체의 밀도를 ρ라고 하면, 바닥 면적이 1이고 높이가 H인 액주의 무게가 $\rho g H$이므로 원관 내 점 O의 정압(절대압력) p_o는 다음과 같이 된다.

$$p_o = p_a + \rho g H \quad \cdots\cdots (2-10)$$

여기서 p_a는 대기압이다.

예제 2.5

<그림 2-11>과 같은 액주형 압력계에서 대기압(절대압력)을 구하시오. (단, p_A는 0.2 MPa(절대압), 물의 비중은 1, A인 지점의 액체의 비중은 1.5이다)

풀이 아래 기준선으로부터 150 mm 상방향의 관내 위치의 A액체의 압력은 같으므로

$p_a + \rho_w g(220-150)\times 10^{-3} = p_A + \rho_{액체} g(350-150)\times 10^{-3}$에서

$p_a = p_A + \rho_{액체} g(350-150)\times 10^{-3} - \rho_w g(220-150)\times 10^{-3}$로 된다.

$\rho_w = 1{,}000\ \text{kg/m}^3$, $\rho_{액체} = 1.5\times 1{,}000\ \text{kg/m}^3$, $p_A = 0.2\times 10^6\ \text{Pa}$이므로

$$\begin{aligned} p_a &= (0.2\times 10^6) + [1.5\times 1{,}000\times 9.8\times(350-150)\times 10^{-3}] \\ &\quad - [1{,}000\times 9.8\times(220-150)\times 10^{-3}] \\ &= 202{,}254\ \text{Pa} = 202\ \text{kPa} \end{aligned}$$

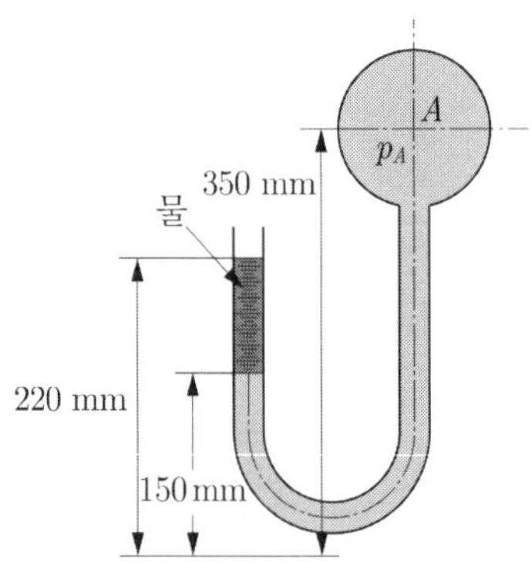

〈그림 2-11〉 예제 그림

2.3.2 U자관 액주계

피에조미터에서 원관 내 정압 p_o가 클 때 H가 높아져 불편하므로, <그림 2-12>와 같이 U자형관에 수은 등과 같이 밀도가 큰 액체를 넣어 액주를 단축·측정한다. 또한 기체가 흐르고 있는 경우에는 물이나 알코올 등의 액체를 사용한다. 이와 같은 것을 U자관 액주계(U-tube manometer)라고 한다.

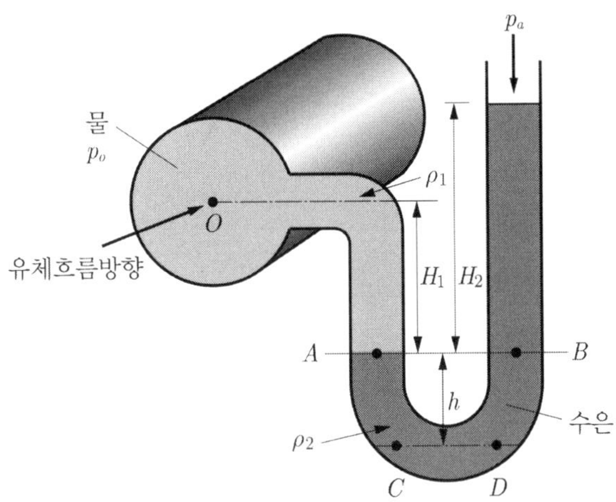

〈그림 2-12〉 U자관 액주계

<그림 2-12>에 나타낸 바와 같이 원관 내를 흐르고 있는 액체나 기체의 밀도를 ρ_1, U자관 내의 액체의 밀도를 ρ_2, 그리고 액주의 높이를 각각 H_1, H_2로 한다. 그런데 원관 내에 물이 흐르고 있고 U자관에는 수은이 들어 있다고 하면, 물과 수은의 경계 중 수은주의 높이가 작은 쪽을 A로 하고, 그것에 수평하게 그은 반대편 쪽의 U자관의 위치를 점 B로 한다. 또한 U자관의 바닥에 수평방향으로 취한 2점을 각각 C와 D로 한다. 그러면 원관 내의 정압 p_o와 점 A의 정압 p_A 간에 다음의 관계가 성립한다.

$$p_A = p_o + \rho_1 g H_1 \quad \cdots\cdots (2-11)$$

또한 점 A와 점 B는 수평방향의 같은 위치이기 때문에 다음의 관계가 있다.

$$p_A = p_B \quad \cdots\cdots (2-12)$$

왜냐하면 점 C와 점 D는 서로 같은 수평방향 위치에 있기 때문에 두 점의 위치에서의 압력은 같고, 점 A와 점 B는 점 C와 점 D로부터 동일한 액체의 액주로서 그 높이도 같기 때문이다.

점 B의 압력 p_B는

$$p_B = p_a + \rho_2 g H_2 \quad \cdots\cdots (2-13)$$

로 주어지기 때문에 식 (2−11)과 식 (2−13)을 식 (2−12)에 대입하면, 다음 식을 얻을 수 있다.

$$p_o + \rho_1 g H_1 = p_a + \rho_2 g H_2$$

따라서 점 O의 게이지 압력 $p_o - p_a$는 다음과 같이 된다.

$$p_o - p_a = \rho_2 g H_2 - \rho_1 g H_1 \quad \cdots\cdots (2-14)$$

점 O의 절대압력 p_o는 다음과 같이 된다.

$$p_o = p_a + \rho_2 g H_2 - \rho_1 g H_1 \quad \cdots\cdots (2-15)$$

예제 2.6

<그림 2−13>과 같은 압력용기에 공기, 기름 및 물이 담겨있다. 용기 내의 공기의 압력은 얼마인가? (단, 기름의 밀도는 800 kg/m³이다. 수은의 비중은 13.6이다)

풀이 $p_A + (800 \times 9.8 \times 2.5) + (1,000 \times 9.8 \times 2.5) = 13.6 \times 10^3 \times 9.8 \times 0.28$

$\therefore\ p_A = -6,781.6\,\mathrm{Pa} = -6.78\,\mathrm{kPa}$

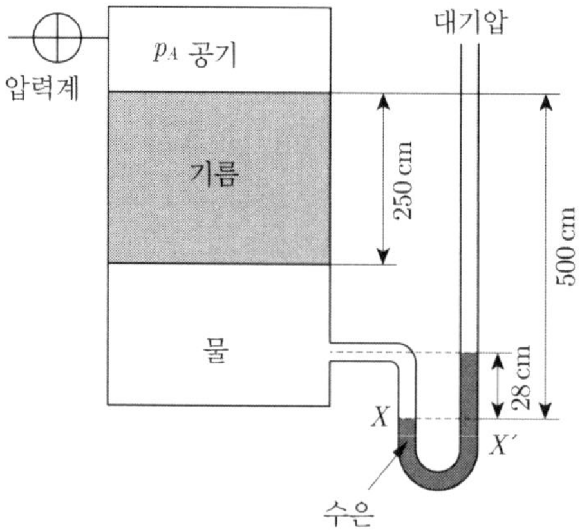

〈그림 2-13〉 예제 그림

2.3.3 시차액주계

시차액주계는 2개소의 압력차를 측정하는 것을 말한다. 즉, 압력이 다른 두 개의 탱크나 관 속의 압력차를 측정하는 액주계이다. 두 개의 탱크나 관 사이를 U자형 관으로 연결하고, U자관에 비중이 다른 액체를 넣으면 시차액주계가 된다.

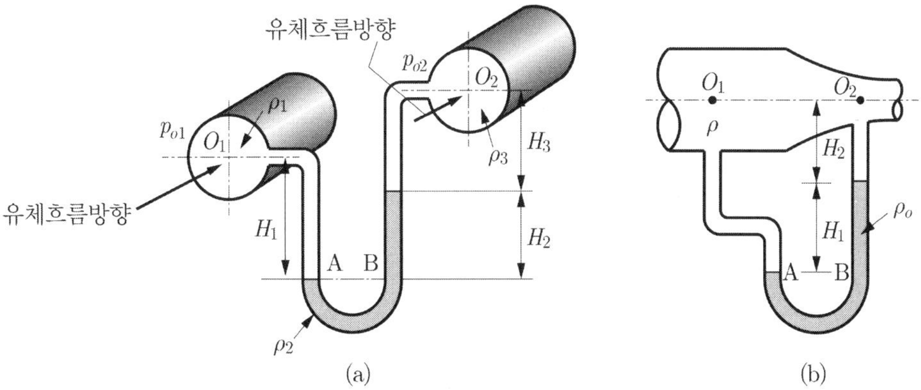

〈그림 2-14〉 시차액주계

예를 들면, <그림 2-14(a)>와 같이 2개의 원관 내에 밀도 ρ_1과 밀도 ρ_3인 유체가 각각 흐르고 있는 경우, 점 A와 점 B는 U자관의 바닥으로부터 동일한 높이의 수평방향에 위치하고 있기 때문에 2점의 압력은 같게 된다. 여기서도 식 (2-12)의 관계가 성립한다. 원관 내의 정압 p_{o1}과 점 A의 정압 p_A 사이에는 다음의 관계가 성립한다.

$$p_A = p_{o1} + \rho_1 g H_1 \quad \cdots\cdots (2-16)$$

또 하나의 원관 내의 정압 p_{o2}과 점 C의 정압 p_C 사이에는 다음의 관계가 성립한다.

$$p_C = p_{o2} + \rho_3 g H_3 \quad \cdots\cdots (2-17)$$

또한 점 B의 압력 p_B와 p_C 사이에는 다음의 관계가 성립한다.

$$p_B = p_C + \rho_2 g H_2 \quad \cdots\cdots (2-18)$$

식 (2-16)과 식 (2-18)을 식 (2-12)에 대입하고 식 (2-17)을 이용하면 차압 $(p_{o1} - p_{o2})$는 다음과 같이 구해진다.

$$p_{o1} + \rho_1 g H_1 = p_{o2} + \rho_3 g H_3 + \rho_2 g H_2$$

$$\therefore\ p_{o1} - p_{o2} = \rho_3 g H_3 + \rho_2 g H_2 - \rho_1 g H_1 \quad \cdots\cdots (2-19)$$

<그림 2-14(b)>는 많이 사용되는 시차액주계로서, $p_A = p_B$이므로 다음과 같이 된다.

$$p_{o1} + \rho g(H_2 + H_1) = p_{o2} + \rho g H_2 + \rho_o g H_1$$

$$\therefore\ p_{o1} - p_{o2} = (\rho_0 - \rho) g H_1 \quad \cdots\cdots (2-20)$$

예제 2.7

<그림 2-14(a)>와 같은 U자관 마노미터에서 두 용기 내의 압력차를 구하시오.
(단, $H_1 = 0.8\,\text{m}$은 $H_2 = 500\,\text{mmHg}$, $H_3 = 1\,\text{m}$이다. 단, 2개의 관내의 액체는 물이며, U자관에는 수은이 들어 있다. 수은의 비중은 13.6이다)

풀이 $p_{o1} - p_{o2} = \rho_3 g H_3 + \rho_2 g H_2 - \rho_1 g H_1$

$$= (1{,}000 \times 9.8 \times 1) + (13.6 \times 1{,}000 \times 9.8 \times 0.5) - (1{,}000 \times 9.8 \times 0.8)$$

$$= 68{,}600\ \text{Pa}$$

$$= 68.6\ \text{kPa}$$

예제 2.8

<그림 2-15>에서 수은 기둥의 높이차 h'가 0.9 m일 때, 두 점 A와 B사이의 압력차는 몇 kPa 인가? (단, 수은의 비중은 13.6이다)

풀이 수은의 밀도는 (비중 × 물의 밀도)이므로

$$\rho_s = S \times \rho_w = 13.6 \times 1{,}000 = 13{,}600\ \text{kg/m}^3$$

또한, C점과 D점에 작용하는 압력은 다음과 같다.

$$p_C = p_A + \rho_w g(h' + h)$$

$$p_D = p_B + \rho_w g h + \rho_s g h'$$

그런데, C점과 D점의 압력이 같으므로 다음과 같이 된다.

$$p_A + \rho_w g(h' + h) = p_B + \rho_w g h + \rho_s g h'$$

$$\therefore\ p_A - p_B = \rho_w g h + \rho_s g h' - \rho_w g(h + h') = (\rho_s - \rho_w) g h'$$

$$= (13{,}600 - 1{,}000) \times 9.8 \times 0.9 = 111{,}132\ \text{Pa} = 111.132\ \text{kPa}$$

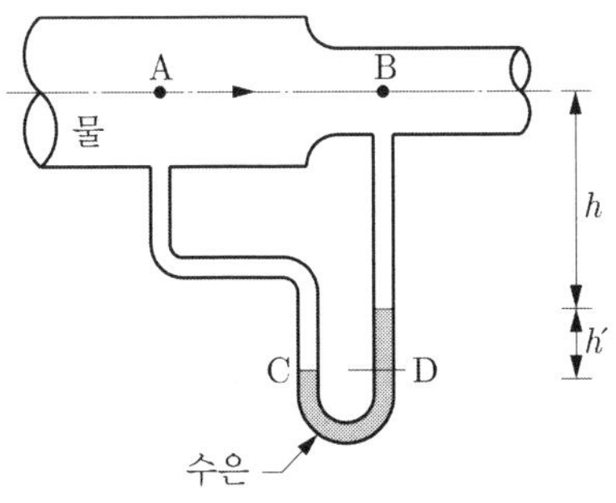

〈그림 2-15〉 예제 그림

2.3.4 미압계

U자관 마노미터의 단점은 좌우 액면의 높이를 각각 측정하여야 하는 것이다. 이 단점을 없애고 한쪽 액면의 높이만을 측정하도록 고안한 예가 <그림 2-16>이다. 이것은 한쪽 관의 단면적을 아주 크게 하고, 가는 관의 액면의 높이를 변화시켜도 굵은 관내의 액면은 거의 움직이지 않게 한 것이다. 2개의 액면에 똑 같은 압력이 작용할 때의 액면 위치를 기준으로 하여 고압 p_1이 작용할 때 굵은 관의 액면의 강하량을 h, 저압 p_2가 작용할 때 가는 관의 액면의 상승량을 H라고 하면, 다음과 같이 된다.

$$p_1 - p_2 = \rho g(H+h) = \rho gH\left(1+\frac{h}{H}\right) = \rho gH\left(1+\frac{A_2}{A_1}\right) \quad \cdots\cdots (2-21)$$

여기서 A_1, A_2는 각각 굵은 관과 가는 관의 단면적이며, $HA_2 = hA_1$의 관계가 있다. $A_1 \gg A_2$가 되도록 만들면 다음과 같이 쓸 수 있다.

$$p_1 - p_2 \approx \rho gH \quad \cdots\cdots (2-22)$$

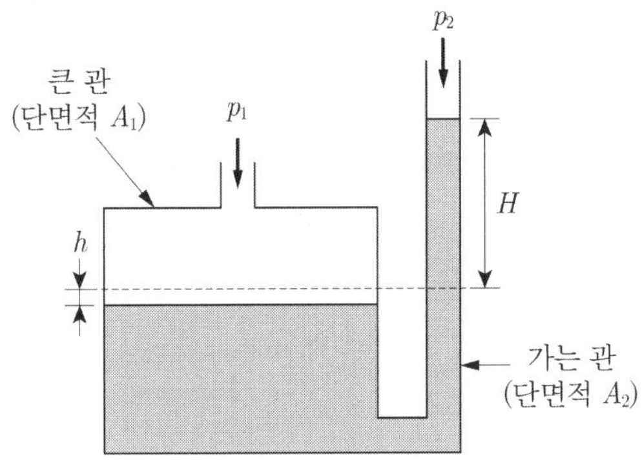

〈그림 2-16〉 미압계

2.3.5 경사미압계

미압계에서 물기둥(수주)의 높이 변화가 수 mm 정도의 작은 압력차를 측정하는 경우에는, <그림 2-17>과 같이 U자관의 한 쪽 관을 경사시켜 액면의 이동거리를 크게 하는 방법을 이용할 수 있다. 이와 같은 압력계를 경사관 마노미터(inclined-tube manometer)라고 한다. <그림 2-17>과 식 (2-22)로부터 다음과 같이 쓸 수 있다.

$$p_1 - p_2 = \rho g H = \rho g L \sin\theta \qquad (2-23)$$

관의 경사각 θ를 작게 하면 L을 크게 할 수 있기 때문에 H 대신에 L을 측정함으로서 측정 오차를 작게 할 수 있다. 이 때 경사각 θ가 너무 작으면 오히려 자체오차를 증가시키므로 30° 이하의 작은 경사는 피해야 한다.

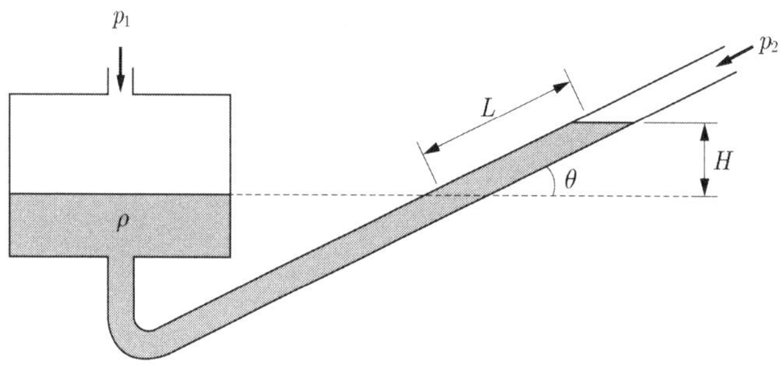

〈그림 2-17〉 경사미압계

예제 2.9

<그림 2-17>과 같은 경사 미압계에서 용기 내에 알코올(비중 0.82)이 들어 있다. 양쪽 공기의 압력차가 발생하여 경사관 내의 알코올이 80 mm 이동한 후 평형이 되었다. 용기의 내경이 80 mm, 관의 내경이 5 mm, 경사각이 30°일 때, 압력의 증가량을 구하시오.

풀이 알코올의 밀도 : $\rho = S\rho_w = 0.82 \times 1{,}000 = 820\ \text{kg/m}^3$

$L = 80\ \text{mm} = 80 \times 10^{-3}\ \text{m}$

$p_1 - p_2 = \rho g H = \rho g L \sin\theta = 820 \times 9.8 \times 80 \times 10^{-3} \times \sin 30° = 321.44\ \text{Pa}$

2.4 평면에 작용하는 액체의 전압력

전압력은 면에 작용하는 압력에 의한 힘을 말한다. 힘은 크기·방향·작용점의 위치가 주어져야 한다. 유체의 정압은 면에 수직인 방향으로만 작용하므로 전압력의 방향은 면에 수직이다.

물탱크와 같은 액체용기를 설계하려면 벽면 전체 또는, 그 일부분에 작용하는 유체의 전압력의 크기와 방향 그리고 작용점을 알아야 한다.

2.4.1 수평면

<그림 2-18>과 같은 밀도가 ρ인 유체가 자유표면으로부터 h인 위치에 면적 A인 평면이 수평으로 놓여 있을 때, 평면에 작용하는 압력 p는

$$p = \rho g h \quad \cdots\cdots (2-24)$$

평면에 작용하는 전압력의 크기 F는

$$F = \rho g h A \quad \cdots\cdots (2-25)$$

가 되며, 전압력은 평판의 중심에 작용한다.

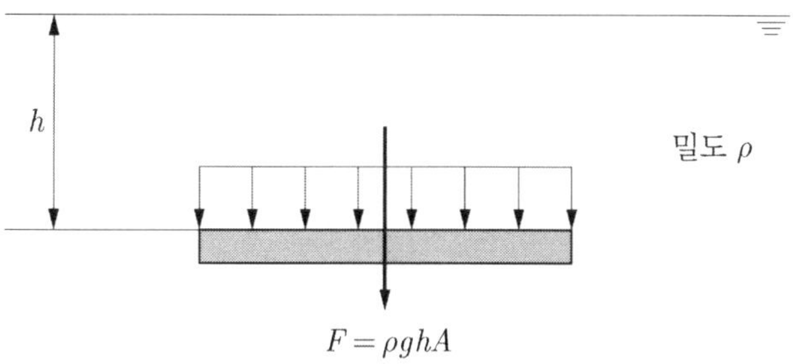

〈그림 2-18〉 수평면에 작용하는 힘

2.4.2 수직면(압력 프리즘, pressure prism)

밀도가 ρ인 액체가 들어 있는 탱크(직사각형 평면으로서 폭 b)의 수직벽면에 가해지는 전압력을 생각한다. 전압력은 탱크 수면 상단은 $p_1 = 0$, 탱크 하단에서는 $p_2 = \rho g h$를 가지며, 액체 깊이에 대하여 선형적으로 변하므로 <그림 2-19(a)>와 같이 나타낼 수 있다.

따라서 평균압력은 깊이가 $h/2$인 위치에서의 압력으로서 사각형 면적 $A=bh$에 작용하는 합력은 다음과 같다.

$$F=p_{av}A=\rho g\left(\frac{h}{2}\right)A=\rho g\left(\frac{h}{2}\right)bh=\frac{\rho g h^2 b}{2} \quad \cdots\cdots (2-26)$$

또한 <그림 2-19(a)>의 압력분포를 <그림 2-19(b)>와 같이 3차원 압력분포로 그릴 수 있다. 압력-면적 공간에서 면적은 수직면이고 각 점에서의 압력은 높이인 체적이 된다. 이 체적을 압력 프리즘(pressure prism)이라고 하며, 사각형 평면에 작용하는 합력은 압력 프리즘의 체적과 같다. 그림 (b)에서의 유체의 프리즘에 의한 힘은 다음과 같이 된다.

$$F=\text{체적}=\frac{0+\rho g h}{2}(hb)=\frac{\rho g h^2 b}{2} \quad \cdots\cdots (2-27)$$

즉, 유체 합력의 크기는 압력 프리즘의 체적과 같고, 이는 체적의 도심을 통과한다.

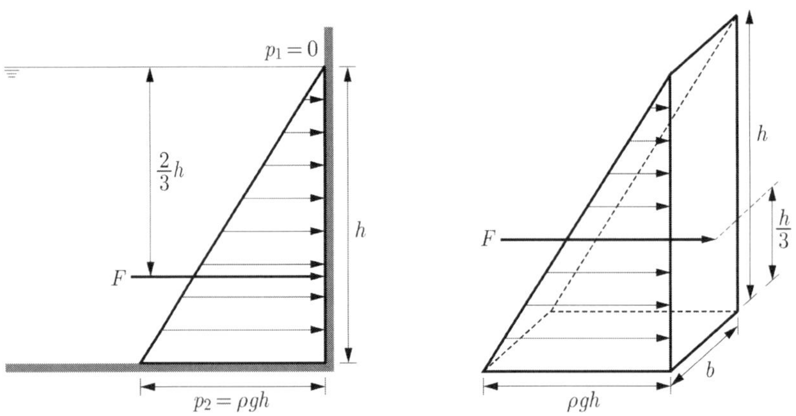

(a) (b)

〈그림 2-19〉 수직면에 작용하는 힘

예제 2.10

물탱크의 크기가 높이 3 m, **폭** 2.5 m**일 때, 물탱크의 한 쪽 벽면에 작용하는 전압력과 압력의 중심을 구하시오**. (단, 물탱크 내에는 물이 3 m 높이까지 차있는 것으로 한다)

풀이 1) $F=\frac{1}{2}\rho g h^2 b=\frac{1{,}000\times 9.8\times 3^2\times 2.5}{2}=110{,}250\ \text{N}$

2) 압력의 중심은 $\frac{2}{3}h=\frac{2}{3}\times 3=2$ m, 그러므로 수면으로부터 2 m인 위치에 있다.

2.4.3 경사면

<그림 2−20>과 같이 밀도가 ρ인 유체의 자유표면과 경사각 θ를 갖는 임의의 모양의 평판면적 A에 작용하는 유체의 전압력과 그 작용점에 대해 생각한다.

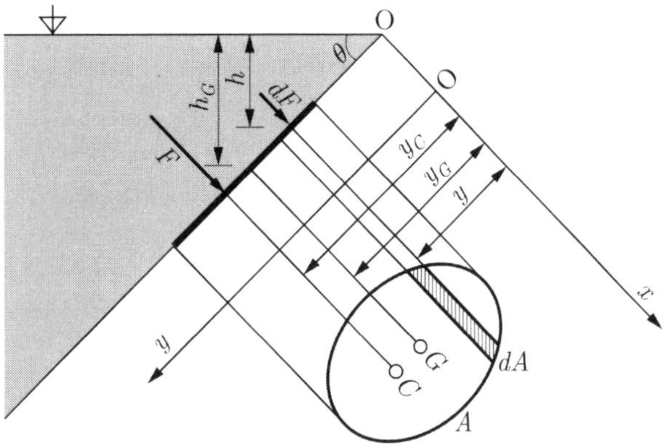

G : 도심
C : 압력의 중심

〈그림 2−20〉 경사평판에 작용하는 전압력

평판을 포함하는 평면상에 x, y좌표를 취하면, 아주 작은 면적 dA에 작용하는 전압력의 크기는 다음과 같다.

$$dF = pdA = \rho ghdA = \rho gy\sin\theta\, dA \quad \cdots\cdots (2-28)$$

따라서 평판 A에 작용하는 전압력의 크기는

$$F = \int_A dF = \rho g\sin\theta \int_A ydA \quad \cdots\cdots (2-29)$$

이 된다.

또 평판의 중심(도심) G의 y좌표를 y_G, 액면에서 잰 깊이를 h_G라고 하면

$$\int_A ydA = y_G A \quad \cdots\cdots (2-30)$$

이므로, 식 (2−29)는

$$F = \rho g\sin\theta\, y_G A = \rho g h_G A = p_G A \quad \cdots\cdots (2-31)$$

로 된다. 여기서 $p_G = \rho g\, y_G \sin\theta$는 평판의 중심에 작용하는 게이지 압력이다. 전압력은 평판의 중심에 있어서의 압력에 평판의 면적을 곱한 것과 같다.

전압력의 작용점(압력의 중심)을 C로 하고, 이 점의 y좌표를 y_C라고 하면, 전압력 F의 ox축에 대한 힘의 모멘트는 $y_C F$ (=힘×축으로부터 힘의 작용점까지의 거리)로 구해진다.

평판의 아주 작은 면적(미소면적) 요소에 작용하는 힘의 모멘트는 $y\,dF$이므로, 평판 전체에서는 식 (2-28)을 이용하면 다음과 같다.

$$\int_A y dF = \int_A yp\, dA = \int_A \rho g y^2 \sin\theta\, dA = \rho g \sin\theta \int_A y^2 dA \quad \cdots\cdots\cdots (2-32)$$

로 된다. 이 값이 식 (2−31)로부터 얻어진 F와 y_C와의 모멘트와 같기 때문에 다음 식이 성립한다.

$$y_C F = \rho g \sin\theta \int_A y^2 dA \quad \cdots\cdots\cdots (2-33)$$

이 식에 식 (2−31)을 대입하면

$$y_C = \frac{1}{A y_G} \int_A y^2\, dA \quad \cdots\cdots\cdots (2-33)$$

이 된다. 윗 식에서

$$\int_A y^2 dA = I_x \quad \cdots\cdots\cdots (2-34)$$

은 평면 A의 x축에 대한 단면 2차 모멘트이다. 중심 G를 지나고 x축과 평행한 축 주위의 평면 A의 단면 2차 모멘트는 $I_G = \int_A y_1^2\, dA$ 를 이용하여 쓰면, 이것과 I_x 사이에는 다음의 관계가 있다(평행축의 정리).

$$I_x = I_G + A y_G^2 \quad \cdots\cdots\cdots (2-35)$$

따라서 식 (2−33)은 다음과 같이 된다.

$$y_C = \frac{I_x}{A y_G} = y_G + \frac{I_G}{A y_G} \quad \cdots\cdots\cdots (2-36)$$

즉, 압력의 중심은 평판의 중심(도심)보다 y방향으로 $I_G/(y_G A)$만큼 깊은 곳에 있음을 알 수 있다.

같은 방법으로 C점의 x좌표는

$$x_C = \frac{1}{Ay_G}\int_A xydA = \frac{I_{xy}}{Ay_G} \quad \cdots\cdots (2-37)$$

이 된다. 여기에서

$$I_{xy} = \int_A xydA \quad \cdots\cdots (2-38)$$

를 관성 상승모멘트(product of inertia)라고 한다.

평면 A가 중심 G를 지나는 y축과 평행한 선에 대칭이면 C는 그 선상에 있음이 확실하므로 이런 경우에는 x_C를 계산할 필요가 없다.

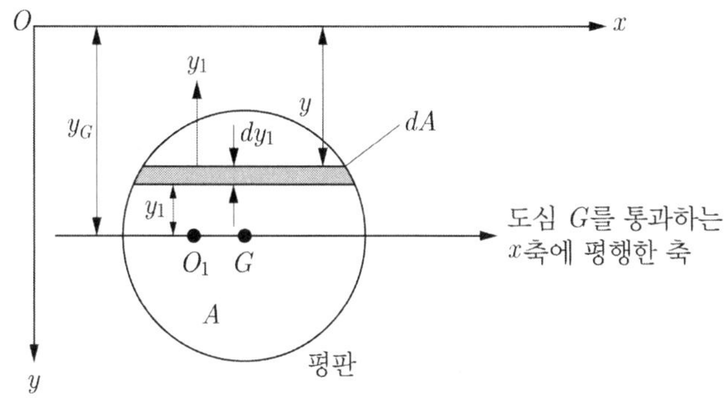

〈그림 2-21〉 단면 2차 모멘트

2.5 부력

<그림 2-22>에 나타낸 바와 같이, 수면으로부터 H의 깊이에 있는 물 자체로 구성된 직육면체에 대해 생각해 본다. 직육면체의 윗면에는 압력 ρgH가 작용하고 있고, 아랫면은 수면으로부터 $H+h$의 위치에 있기 때문에 직육면체의 바닥에 작용하는 압력은 $\rho g(H+h)$이다. 직육면체의 바닥면적을 A라고 하고, 이 직육면체에 작용하는 힘의 균형을 생각한다. 수평방향으로는 압력에 의한 힘이 평형을 이루고 있지만, 수직방향으로는 위쪽 면에는 아랫방향으로 ρgHA, 아랫면에는 $\rho g(H+h)A$의 압력이 윗 방향으로 작용하고 있다. 양자의 차를 구하면 윗 방향으로 작용하는 힘으로서 다음 식을 얻을 수 있다.

$$F_B = \rho g(H+h)A - \rho gHA = \rho ghA \quad \cdots\cdots (2-39)$$

즉, 유체 속에 잠겨 있는 물체는 유체에 의하여 위쪽으로 힘을 받는다. 이 힘 F_B가 부력(buoyant force)이다. 이 힘은 물로 이루어진 직육면체의 중량 ρghA와 같다. 따라서 물체가 배제한 물의 중량이 부력으로서 그 물체에 작용한다. 이것을 아르키메데스(Archimedes)의 원리라고 한다.

아르키메데스가 발견한 이 원리는 정지하고 있는 유체의 깊이와 압력의 관계를 이용하여 다음과 같이 생각할 수 있다.

정지 유체에 잠겨 있거나 떠 있는 물체가 유체로부터 받는 전압력이 부력이며, 부력은 항상 수직 윗방향으로 작용한다.

식 (2-39)에서 부력은 유체 속에 잠겨있는 부분의 물체의 체적에 해당하는 유체의 무게이고, 그 방향은 수직 윗방향이다.

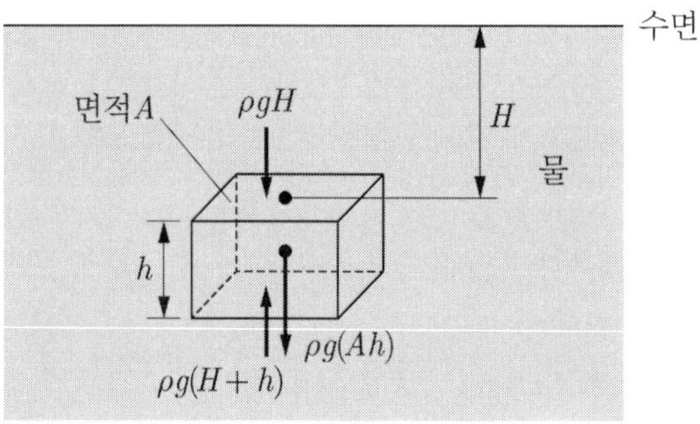

〈그림 2-22〉 물체의 부력

예제 2.11

공기 중에서 600 N인 물체가 물에 잠겨있다. 물에서의 무게가 200 N이면, 이 물체의 체적과 비중은 각각 얼마인가?

풀이 부력은 $F_B = 600 - 200 = 400$ N 이다.

부력은 물로 이루어진 물체의 중량과 같으므로 물체의 체적을 V라고 하면,

$$\rho g V = 1{,}000 \times 9.8 \times V = 9{,}800\ V$$

에서 다음과 같이 된다.

$$9{,}800\ V = 400$$

$$\therefore V \fallingdotseq 0.041\ \mathrm{m}^3$$

또한 비중 S는 같은 체적의 물의 중량에 대한 물체의 중량의 비이므로

$$S = \frac{600}{400} = 1.5$$

Chapter 03

유체 흐름의 기초

Chapter 03

유체 흐름의 기초

유체 흐름(운동학)은 유체 정역학과 달리 유체가 움직이고 있는 상태에서 유체의 역학적 해석을 한다. 그런데 일반적으로 실제 유체는 점성 등을 고려하게 되는데, 여기서는 점성과 압축성 효과를 무시한 완전유체에 대한 이론을 먼저 다루도록 한다.

이 장에서는 완전유체에 대한 기초방정식으로 연속방정식과 베르누이 방정식을 설명한다.

3.1 유체 흐름의 형태

유체의 흐름은 내부 흐름과 외부 흐름으로 분류하는 것뿐만 아니라, 정상류와 비정상류, 층류와 난류 등으로도 분류한다.

3.1.1 내부 흐름과 외부 흐름

유체의 흐름은 크게 내부 흐름(internal flow)과 외부 흐름(external flow)으로 나눌 수 있다.

내부 흐름은 통로를 통과하는 유체의 속도, 유체의 에너지 변화 등이 공학적인 주 관심사가 된다. 이 때 유체는 <그림 3-1(a)>에 나타낸 바와 같이 유체의 주위가 관 벽으로 둘러싸인 관로 흐름과 강이나 하천의 흐름과 같이 상부가 대기에 노출되어 있는 개수로 흐름으로 크게 분류할 수 있다.

외부 흐름은 주어진 물체와 그 주위를 둘러싼 유체와의 사이에 상대 운동이 발생하며, 유체가 물체에 가하는 힘이 주된 관심사가 된다. 이와 같은 흐름에는 <그림 3-1(b)>에 나타낸 바와 같이 건물 주위의 흐름, 자동차, 선박 및 비행기 주위의 공기 흐름을 들 수 있다.

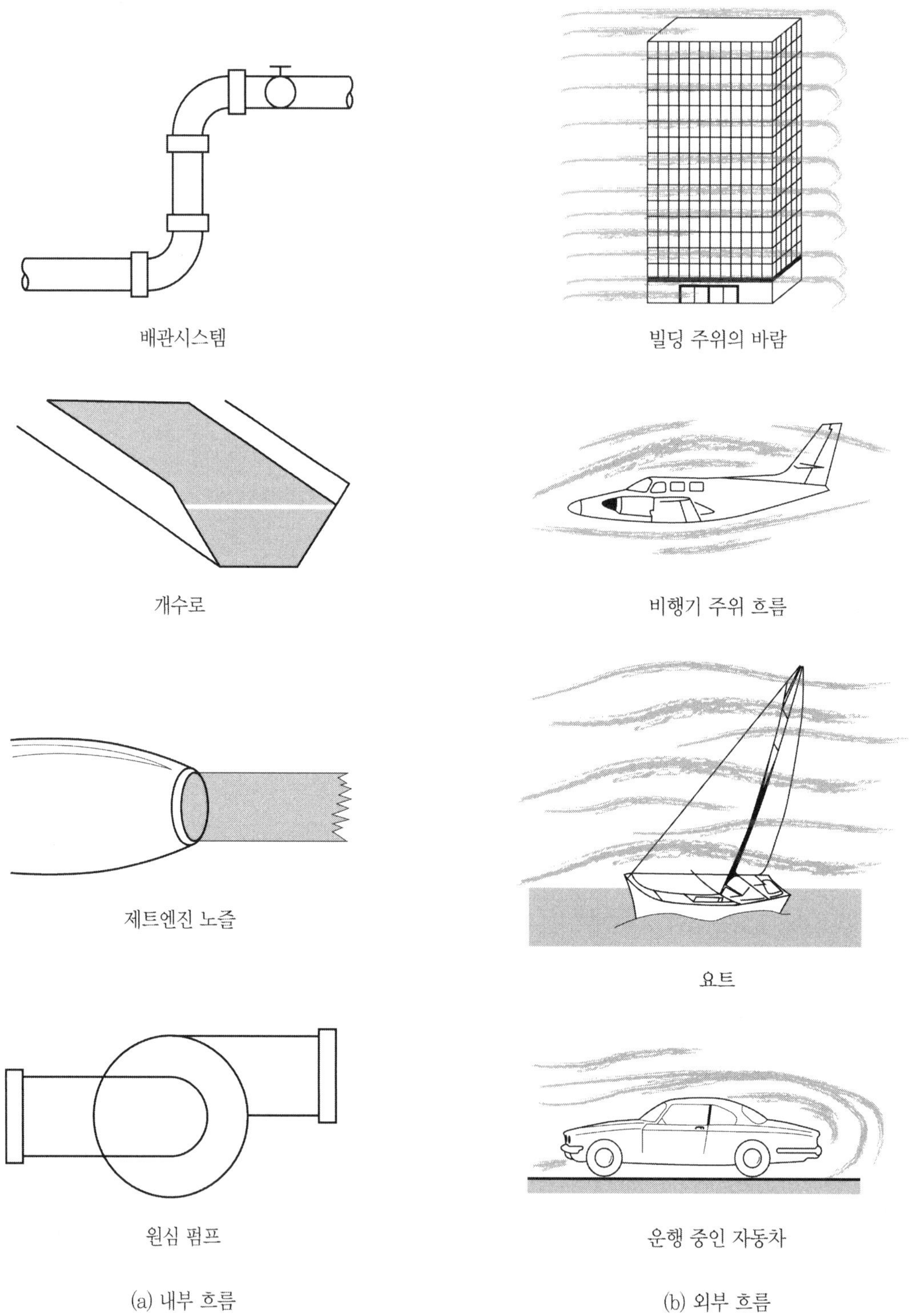

〈그림 3-1〉 내부 흐름과 외부 흐름

3.1.2 1차원, 2차원, 3차원 흐름

관로 내의 유동에서 벽면 근처에서는 점성에 의해 속도가 느리고 관 중심 쪽으로 갈수록 벽면 마찰의 영향이 작아져 속도가 크게 된다. 따라서 임의의 단면상의 속도는 각 점에서 다른 값을 갖게 된다. 그러나 단면적이 일정한 관로 내에 점성을 무시할 수 있는 유체가 흐르는 경우와 같이 평균속도와 압력이 관의 중심축 방향을 따라서만 변화하는 흐름을 1차원 흐름(one dimensional flow)이라고 한다.

그러나 간격이 아주 좁은 두 평행평판 사이에 유체가 판에 평행하게 흐르는 경우와 같이 흐름이 하나의 정해진 평면에 평행하게 흐르고 그 평면에 직각방향으로는 속도 및 압력변화가 일어나지 않는 흐름을 2차원 흐름(two dimensional flow)이라고 한다.

흐름 중에 x, y, z축을 설정할 때, 각 방향의 속도성분이 u, v, w라고 하면, 이 값들 각각이 x, y, z 및 시간 t의 함수인 경우로서 실제적이고 가장 일반적인 흐름이라고 할 수 있으며, 이러한 흐름을 3차원 흐름(three dimensional flow)이라고 한다.

<그림 3-2>에 1차원 흐름과 2차원 흐름을 나타내었다.

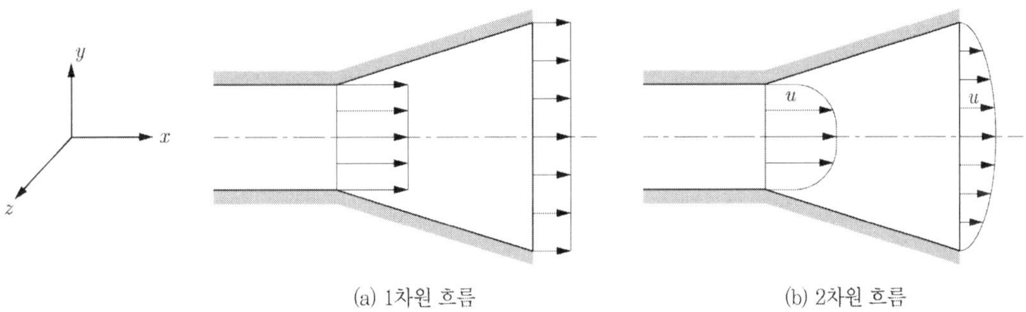

〈그림 3-2〉 1차원 흐름과 2차원 흐름

3.1.3 정상류와 비정상류

정상류(steady flow)란 어느 임의의 한 위치에 있는 유체가 갖고 있는 모든 성질, 예를 들면 유체의 속도 및 압력 등과 같은 성질이 시간에 따라 변하지 않는 흐름을 말한다. 이에 반해 비정상류(unsteady flow)란 임의 위치에서의 유체 흐름의 상태가 시간에 따라 변화하는 흐름을 말한다. 예를 들면, 펌프의 출구에서의 흐름을 생각해 보자. 펌프를 작동하기 시작하면, 펌프 출구에서의 유체의 상태(속도, 압력, 양정 등)는 시시각각으로 변하게 된다. 이때의 유체 흐름의 상태는 비정상류이다. 그러나 어느 정도 시간이 경과하면, 펌프의 운전은 안정된 상태가 되었다고 일반적으로 말하는데, 이 때 펌프 출구에서의 유체 상태는 시간이 경과하여도 변하지 않는 정상 상태 흐름이라고 한다.

또한 비정상 상태의 흐름으로서 수격 현상(water hammer)을 들 수 있는데, 이에 대해서는 뒤에 설명한다.

3.1.4 유선, 유적선과 유맥선

유체의 흐름을 관찰하는 데는 유선(stream line)을 생각하면 좋다. 유선은 임의의 순간 유체입자의 속도 벡터 방향의 곡선이다. 즉, 임의의 순간에 공간의 곡선을 생각할 때, 그 곡선상에 모든 점에서 그 점의 속도벡터가 그 곡선상의 접선과 일치하는 선을 유선이라고 한다.

속도벡터만으로 그 장소에서의 흐름의 방향을 알 수 있지만 실제 흐름의 모습은 잘 알 수 없다. 유선으로 생각하면 유체가 어떻게 흘러가는 가를 알기 쉽다.

유선으로 둘러싸인 관을 유관(stream tube)이라고 한다. 유관은 가상적인 관이라고 할 수 있다. <그림 3-3>에 유선을 <그림 3-4>에 유관을 나타내었다.

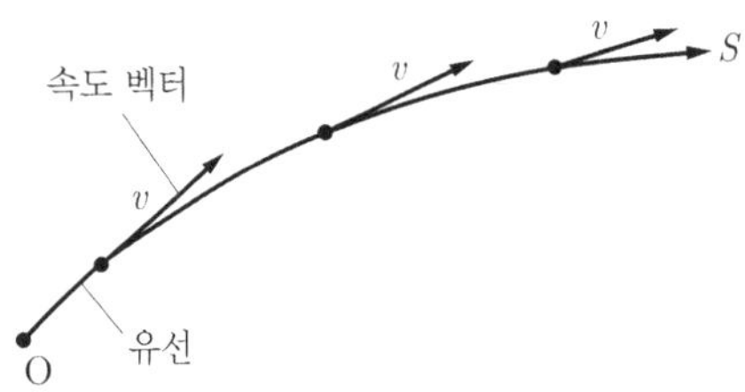

〈그림 3-3〉 유선

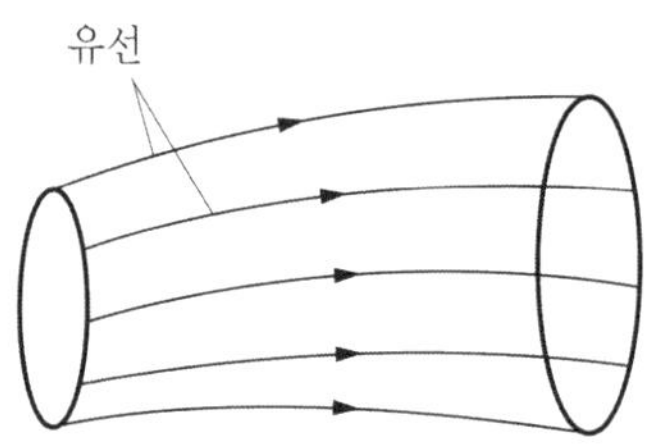

〈그림 3-4〉 유관

유적선(path line)은 임의의 특정 유체 입자가 흘러간 길이다. <그림 3-5>와 같이 골프공을 쳤을 때 이 골프공이 시간마다 지나간 길이 유적선이다.

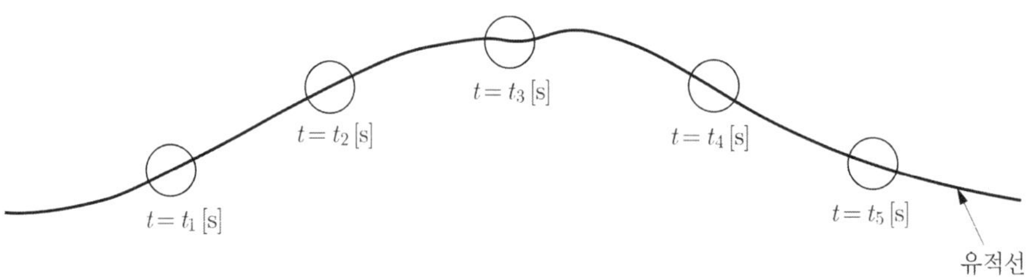

〈그림 3-5〉 유적선

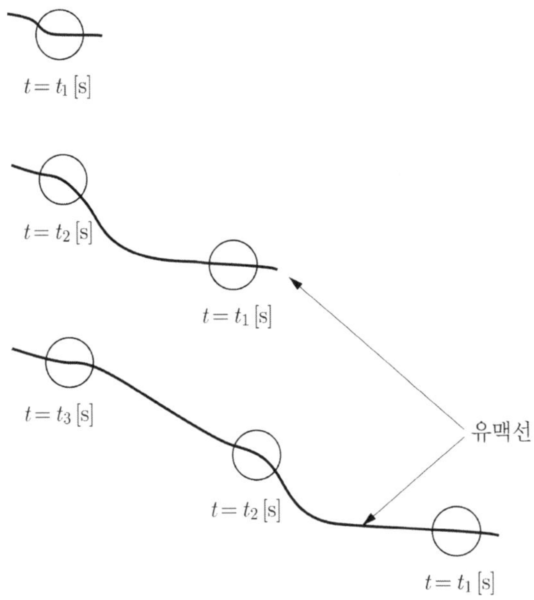

〈그림 3–6〉 유맥선

다음은 유맥선(streak line)에 대해 생각한다. <그림 3−6>에 나타낸 바와 같이 골프공을 생각하면, 하나의 골프공이 일정한 시간 동안에 움직인 자취를 나타낸 선을 유맥선이라고 한다.

정상류에서는 유선과 유적선과 유맥선은 모두 동일한 선이다. 비정상류에서는 유선과 유적선과 유맥선은 다른 선이 된다.

3.2 연속의 법칙

비압축성, 1차원 흐름인 유체가 관내에 흐르고 있을 때, 질량 보존의 법칙을 적용하면, 유체의 유량 및 평균 유속을 구할 수 있다.

3.2.1 평균 유속

관내를 흐르고 있는 유체의 유속은 임의의 위치에서 유체의 점성이나 마찰에 의해 내벽에 접하는 곳에서는 유속이 느리고, 중심부에서 최대 유속을 나타낸다. 즉, 실제로는 <그림 3-7(a)>에 나타낸 바와 같이 관 단면상에서 속도분포가 일정하지 않다. 이와 같은 점성이 있는 유체를 점성유체라고 한다. 그러나 점성을 갖고 있지 않은 유체인 비점성 유체의 흐름을 가정하면, <그림 3-7(b)>와 같이 유체가 벽면에 달라붙지 않고 미끄러져 관내의 속도분포는 일정한 직선상태의 분포로서 실제로는 이와 같은 점성이 없는 유체가 존재하지 않지만, 이상적인 유체로서 비점성 유체를 가정하는 경우, 이와 같은 흐름을 이상유체라고 한다.

물이나 공기와 같이 실제 유체의 경우에도 <그림 3-8>에서와 같이 한 단면에서 유속의 평균값인 평균 유속(mean velocity)을 고려하는 경우가 많으며, 실제로 유량을 계산할 때 평균 유속을 이용한다.

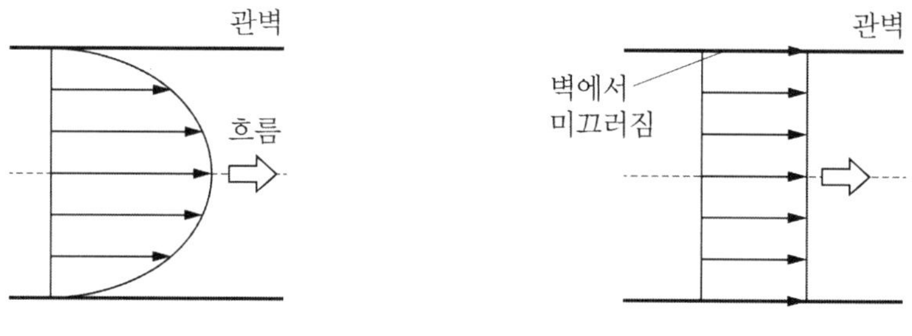

(a) 실제유체(점성유체) 흐름의 속도분포　　(b) 이상유체(비점성유체) 흐름의 속도분포

〈그림 3-7〉 관내 흐름의 속도분포

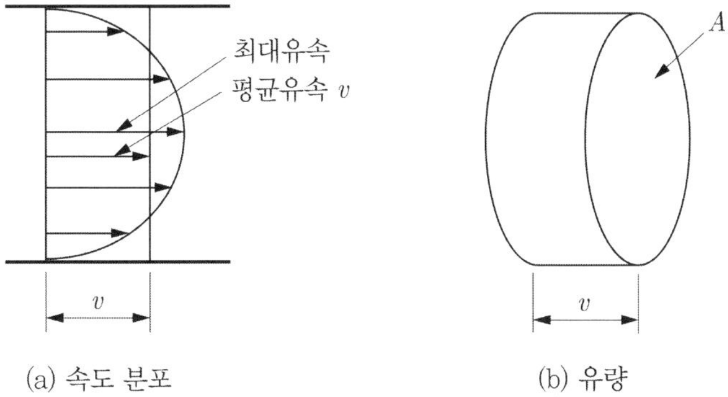

〈그림 3-8〉 평균 유속

3.2.2 연속의 법칙

물과 같이 비압축성인 유체가 관내를 흐르고 있을 때, 이 흐름이 정상류인 경우, 임의의 단면 내를 흐르는 흐름의 상태는 변화하지 않는다. 즉, <그림 3-9>와 같은 정상류에서 임의의 단면 ① 및 ②를 통과하는 유체의 질량은 같다.

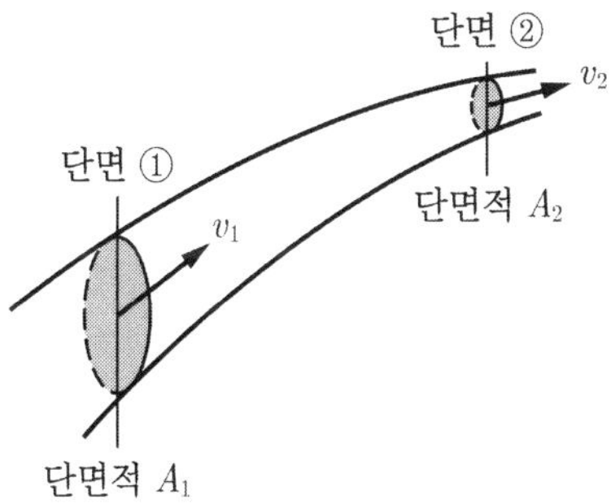

〈그림 3-9〉 연속의 법칙

단면 ① 및 ②에서의 단면적이 각각 $A_1[\text{m}^2]$, $A_2[\text{m}^2]$, 평균 유속은 $v_1[\text{m/s}]$, $v_2[\text{m/s}]$, 밀도가 $\rho_1[\text{kg/m}^3]$, $\rho_2[\text{kg/m}^3]$일 때, 단면 ①에서 단위시간에 유입하는 유체의 질량은 $\rho_1 A_1 v_1[\text{kg/s}]$으로 되며, 단면 ②에서는 $\rho_2 A_2 v_2[\text{kg/s}]$로 되고, 단위시간에 단위면적을 통과하는 유체의 질량은 같아야 하므로 다음과 같이 쓸 수 있다.

$$\dot{m} = \rho_1 A_1 v_1 = \rho_2 A_2 v_2 = \text{일정}[\text{kg/s}] \quad \cdots\cdots (3-1)$$

또한 비압축성이므로 $\rho_1 = \rho_2$로 되어, 다음과 같이도 쓸 수 있다.

$$Q = A_1 v_1 = A_2 v_2 = \text{일정}[\mathrm{m^3/s}] \quad \cdots\cdots (3-2)$$

식 (3－1) 및 식 (3－2)에서 $\dot{m}$[kg/s]를 질량 유량(mass flow rate), Q[$\mathrm{m^3/s}$]를 체적 유량(volume flow rate)이라고 한다. 특히 체적 유량은 단위 시간에 임의의 단면을 통과하는 유체의 체적을 나타내며, 일반적으로 이것을 유량(flow rate)이라고 부른다.

식 (3－1)과 식 (3－2)는 질량 보존의 법칙(mass conservation law)을 유체의 흐름에 적용한 것으로 연속방정식(equation of continuity)이라고 한다.

즉, 정상류, 1차원 흐름에서는 어느 단면에 있어서나 질량유량은 같다는 것을 나타낸다. 더욱이 유체의 밀도가 일정할 때는 어느 단면에서나 유량(체적유량)이 같다는 것을 알 수 있다. 또한 관의 단면적이 큰 곳은 유속이 작고, 역으로 단면적이 작은 곳에서는 유속이 크게 된다.

예제 3.1

안지름이 50 mm**인 관내에 물이** 2 m/s**로 흐르고 있을 때, 체적 유량**[$\mathrm{m^3/s}$] **및 질량 유량**[kg/s]**을 구하시오.**

풀이 1) 체적 유량

$$Q = Av = \frac{\pi}{4}d^2 v$$

$$= \frac{\pi}{4}(0.05)^2 \times 2 \fallingdotseq 0.0039\ [\mathrm{m^3/s}]$$

2) 질량 유량

$$\dot{m} = \rho Q = 1{,}000 \times 0.0039 = 3.9\ [\mathrm{kg/s}]$$

예제 3.2

<그림 3−10>과 같은 관로 내에서 단면 ①에서의 직경은 30 mm, 속도는 2 m/s로 물이 흐르고 있다. 단면 ②에서의 직경이 20 mm일 때, 유속을 구하시오. 또한 유량은 얼마인가?

풀이 $v_2 = \dfrac{A_1}{A_2} v_1 = \left(\dfrac{d_1}{d_2}\right)^2 v_1 = \left(\dfrac{0.03}{0.02}\right)^2 \times 2 = 4.5 \text{ m/s}$

$$Q = A_1 v_1 = \frac{\pi}{4} d_1^2 v_1$$

$$= \frac{\pi}{4}(0.03)^2 \times 2 \fallingdotseq 1.41 \times 10^{-3} \text{ m}^3/\text{s}$$

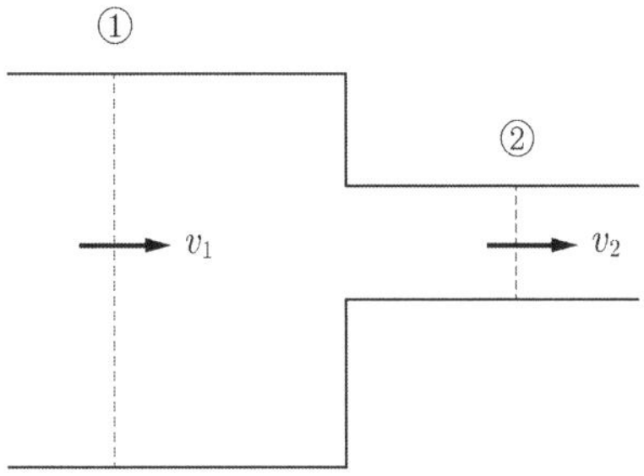

〈그림 3-10〉 예제 그림

3.3 유체의 에너지 보존

흐르고 있는 유체가 갖고 있는 에너지 중에서 열 및 일의 변화가 없다고 한다면, 유체의 에너지로는 위치 에너지, 운동 에너지 및 압력에 의한 에너지를 생각할 수 있다. 이들 에너지 각각은 흐름의 상태에 따라 다르게 되지만, 그들의 합은 항상 같게 된다. 유체에 에너지 보존의 법칙을 적용하면, 유체의 상태 및 유체에 의한 동력 등을 쉽게 구할 수 있다.

3.3.1 수두

헤드(head)란 유체 1 N이 갖는 에너지를 지구상에서의 유체 기둥의 높이로 나타낸 것이다. 특히 유체가 물인 경우에 수두라고 하며, 일반적으로 물기둥의 높이로서 mAq 또는 간단히 m로 표시한다. 수두가 갖는 의미는 물의 깊이 또는 높이, 압력의 강도 그리고 유체가 갖고 있는 에너지를 들 수 있다.

3.3.2 유체의 위치 에너지와 위치 수두

질량 m [kg]의 물이 기준면으로부터 z [m] 높이에 있을 때, 이 물이 갖고 있는 위치 에너지 E_p는 다음과 같다.

$$E_p = mgz \ [\mathrm{J}] \quad \cdots\cdots (3-3)$$

이 때, 물 1 N이 갖고 있는 위치 에너지 e_p는 다음과 같이 된다.

$$\begin{aligned} e_p &= \frac{Wz}{W} \ [\mathrm{N \cdot m/N}] \quad \cdots\cdots (3-4) \\ &= z \ [\mathrm{m}] \end{aligned}$$

물 1 N이 갖고 있는 위치 에너지 e_p는 물기둥의 높이 z [m]로 나타나며, 이것을 위치 수두(potential head)라고 한다. 여기서 W는 물의 무게 mg [N]를 나타낸다.

3.3.3 유체의 속도 에너지와 속도 수두

질량 m [kg]의 물이 v [m/s]의 속도로 흐르고 있을 때, 물이 갖고 있는 운동에너지를 속도 에너지라고 한다. 속도 에너지를 E_v로 나타내면, 다음과 같이 된다.

$$E_v = \frac{mv^2}{2}\ [\mathrm{J}] \quad \cdots\cdots (3-5)$$

또한 물 1 N이 갖는 속도 에너지 e_v는 다음과 같이 된다.

$$\begin{aligned} e_v &= \frac{Wv^2}{2g}\frac{1}{W}\ [\mathrm{N \cdot m/N}] \quad \cdots\cdots (3-6) \\ &= \frac{v^2}{2g}\ [\mathrm{m}] \end{aligned}$$

이 식에서 유속 v [m/s]의 상태로 흐르고 있는 물 1 N이 갖고 있는 속도 에너지는 물의 높이, 즉 수두로 나타낼 수 있으며, $\frac{v^2}{2g}$ [m]을 속도 수두(velocity head)라고 한다.

3.3.4 유체의 압력에 의한 에너지와 압력 수두

<그림 3-11>에 나타낸 바와 같이, 물탱크 밑 부분에 단면적이 A [m^2]인 피스톤을 설치하고, 물탱크에 h [m]의 깊이까지 물을 채웠다. 이것에 의해 피스톤의 중심에 수압 p [Pa = N/m^2]이 작용하여 피스톤이 거리 L [m]만큼 이동하였다고 하면, 이 때 피스톤이 한 일은 pAL [J]이 된다. 이와 같은 피스톤의 일은 물이 갖고 있는 압력에 의한 에너지에 의해 발생된 것이다. 즉, 압력 에너지를 E_p로 나타내면, 다음과 같이 된다.

$$E_p = pAL = \frac{m}{\rho}p\ [\mathrm{J}] \quad \cdots\cdots (3-7)$$

또한, 물 1 N이 갖는 압력에 의한 에너지 e_p는 다음과 같이 된다.

$$\begin{aligned} e_p &= \frac{pAL}{\rho g AL}\ [\mathrm{N \cdot m/N}] \quad \cdots\cdots (3-8) \\ &= \frac{p}{\rho g}\ [\mathrm{m}] \end{aligned}$$

이 식에서 압력 p [Pa]을 받고 있는 물 1 N이 갖게 되는 압력에 의한 에너지는 물의 높이, 즉 수두로 나타낼 수 있으며, $\frac{p}{\rho g}$ [m]를 압력 수두(pressure head)라고 한다.

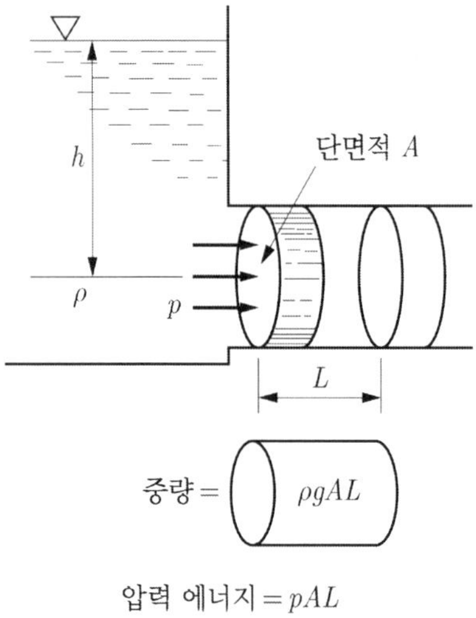

〈그림 3-11〉 압력 에너지

3.3.5 베르누이 정리와 전수두

앞에서 살펴본 바와 같이 물이 흐르고 있을 때, 그 물은 언제나 위치 에너지, 속도 에너지 및 압력에 의한 에너지를 갖고 있으며, 특히 물 1 N이 갖는 각각의 에너지는 물기둥의 높이로 나타낼 수 있다.

<그림 3-12>에 나타낸 관내의 유체가 압축성과 점성에 의해 생기는 마찰에 의한 에너지 손실이 없는 이상유체의 정상상태로 흐르는 경우, 대한 에너지 보존법칙을 생각한다.

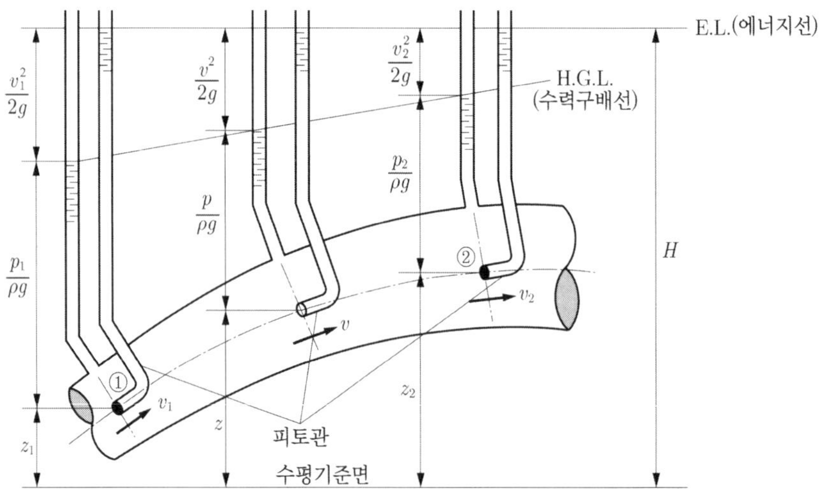

〈그림 3-12〉 관내의 흐름(베르누이 정리)

단면 ①에서의 단면적을 A_1 [m^2], 압력 p_1 [Pa], 평균유속 v_1 [m/s], 유체의 밀도 ρ_1 [kg/m^3]로 하고, 단면 ②에서의 단면적을 A_2 [m^2], 압력 p_2 [Pa], 평균유속 v_2 [m/s], 유체의 밀도 ρ_2 [kg/m^3]로 한다. 단면 ①, ②에 에너지를 적용하면 다음과 같이 된다.

$$\frac{m}{\rho_1}p_1 + \frac{1}{2}mv_1^2 + mgz_1 = \frac{m}{\rho_2}p_2 + \frac{1}{2}mv_2^2 + mgz_2 = \text{일정 [J]} \quad \cdots\cdots (3-9)$$

$\rho_1 = \rho_2 = \rho_3$이며, 또한 식 (3−9)의 양변을 m으로 나누면 다음과 같이 된다.

$$\frac{p_1}{\rho} + \frac{1}{2}v_1^2 + gz_1 = \frac{p_2}{\rho} + \frac{1}{2}v_2^2 + gz_2 = \text{일정 [J/kg]} \quad \cdots\cdots (3-10)$$

즉, 압력에너지, 위치에너지 및 운동에너지의 합은 일정하게 되며, 다음과 같이 된다.

$$\frac{p}{\rho} + \frac{1}{2}v^2 + gz = \text{일정 [J/kg]} \quad \cdots\cdots (3-11)$$

식 (3−11)의 단위는 [m^2/s^2] = [J/kg]로 되며, 단위질량당 에너지를 나타낸다. 각각의 항을 비압력에너지, 비운동에너지 및 비위치에너지라고 한다.

식 (3−11)에 밀도 ρ [kg/m^3]를 곱하면, 다음과 같이 된다.

$$p + \frac{1}{2}\rho v^2 + \rho gz = \text{일정 [Pa](= [J/m}^3\text{])} \quad \cdots\cdots (3-12)$$

단위는 [J/m^3]이 되어 단위체적당 에너지를 나타낸다.

그리고 식 (3−11)을 중력가속도 g [m/s^2]로 나누면,

$$\frac{p}{\rho g} + \frac{1}{2g}v^2 + z = H = \text{일정 [m](= [J/N])} \quad \cdots\cdots (3-13)$$

로 된다. 단위는 [J/N]으로 되어 단위중량당 에너지를 나타낸다. 즉, 길이의 단위인 [m]를 갖는다. 이것을 헤드(head)라고 한다.

식 (3−13)의 좌변의 제 1항 $\frac{p}{\rho g}$을 압력헤드(pressure head), 제2항 $\frac{1}{2g}v^2$을 속도헤드(velocity head), 제3항 z를 위치헤드(potential head), 그리고 이들의 합 H를 전헤드(total head)라고 한다. 이와 같은 형태로 나타내는 것이 실용적이다. 특히 물의 높이로 나타낸 것을 각각 압력수두, 속도수두, 위치수두 및 전수두라고 부르며, 이미 식 (3−4), 식 (3−6) 및 식 (3−8)에서도 나타내었었다.

식 (3-11), 식 (3-12) 및 식 (3-13)을 베르누이 정리(Bernoulli's theorem)라고 한다. 이것은 유체의 에너지 보존법칙(the conservation law of energy)을 나타낸 것이다.

다시 말하면, 이 식은 관로 내의 어느 점에 있어서나 전수두는 일정하다는 것을 나타내는 것 유체가 갖고 있는 운동에너지, 중력에 의한 위치 에너지 및 압력 에너지의 총합은 흐름 내 어디에서나 일정하다는 것을 나타낸다.

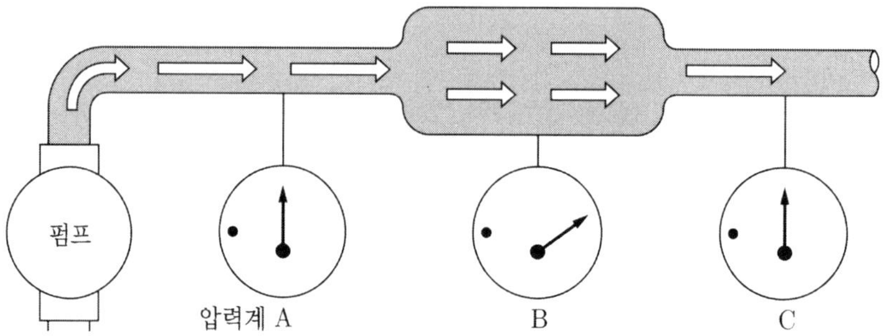

〈그림 3-13〉 유체의 속도 에너지와 압력에너지의 변화

베르누이 정리를 이해하기 위해 <그림 3-13>과 같은 마찰이 없는 관로계를 생각해 보자. 그림에서 압력계 A, B, C가 설치된 배관의 높이는 모두 같기 때문에, 유체가 갖고 있는 위치 에너지는 A, B 및 C 지점에서 모두 동일하다. 그러나 배관 내에 일정한 유량이 흐른다고 하면, 배관의 지름이 변하기 때문에 유체의 속도는 변하게 된다. 따라서 속도 에너지도 증가 또는 감소하게 된다.

그런데 에너지는 저절로 생겨나지도 소멸되는 것도 아니기 때문에 속도 에너지의 변화는 압력의 증가 또는 감소 형태로 나타나게 된다. 그림에서 A 및 C 지점의 배관의 지름이 같다면, 그림에 나타낸 바와 같이 유체의 속도 및 압력도 동일하다. 그러나 배관의 마찰을 고려한다면, A 및 C 지점의 유체의 속도는 같다고 하더라도 압력은 달라지게 된다.

베르누이 정리는 유체의 상태를 파악하고 에너지를 다루는 분야에서는 아주 중요한 기초식으로 널리 이용되고 있다. 예를 들면, 관내의 유체의 속도 및 유량을 측정하고, 또한 관로 도중에 설치된 유체 기기의 동력 등을 구하는데 널리 적용되고 있다. 그러나 식 (3-13)은 앞에서도 언급한 바와 같이 점성, 즉 마찰에 의한 손실이 없는 경우에만 적용되는 식이다. 그렇지만, 실제 관로에서는 점성에 의한 마찰 손실이 존재하며, 마찰 손실이 극히 작은 경우에는 이 식을 그대로 이용하여도 된다. 그러나, 대부분의 실제 관로에서는 마찰 손실을 무시할 수 없기 때문에, 이 식을 수정하여 마찰 손실을 고려해 주어야 한다.

예제 3.3

원관 내의 물의 속도가 2.5 m/s, **압력이** 140 kPa**이다. 또한 이 관이 기준면으로부터** 3 m **위에 있다면 전수두는 얼마인가**?

풀이 전수두 : $H = \frac{p}{\rho g} + \frac{1}{2g}v^2 + z = \frac{140 \times 10^3}{1{,}000 \times 9.8} + \frac{2.5^2}{2 \times 9.8} + 3 = 17.6\ \mathrm{m}$

3.4 베르누이 정리의 응용

3.4.1 전압, 정압, 동압

어느 수평한 관내에 유체가 흐르고 있을 때, 그 흐름 중에 임의의 물체가 있다고 하면, 그 물체의 정면에서 속도가 영(零)이 되는 한 점이 존재한다. 이 점의 압력을 p_T라고 하고, 물체의 영향을 받지 않는 전방의 압력을 p_s, 속도를 v라고 하면(<그림 3-14>), 베르누이의 정리로부터

$$\frac{p_T}{\rho g} = \frac{v^2}{2g} + \frac{p_S}{\rho g}$$

$$p_T = p_S + \frac{1}{2}\rho v^2 \quad \cdots\cdots (3-14)$$

여기서, ρ : 유체의 밀도, kg/m^3
g : 중력가속도, m/s^2

이 성립한다. 이 $\frac{1}{2}\rho v^2$은 관내의 물체가 흐름을 막음으로써 압력이 상승한 값을 나타내며, 이것을 동압(動壓, dynamic pressure)이라고 한다. 또한 p_T를 전압(全壓, total pressure), p_S를 정압(靜壓, static pressure)이라고 한다.

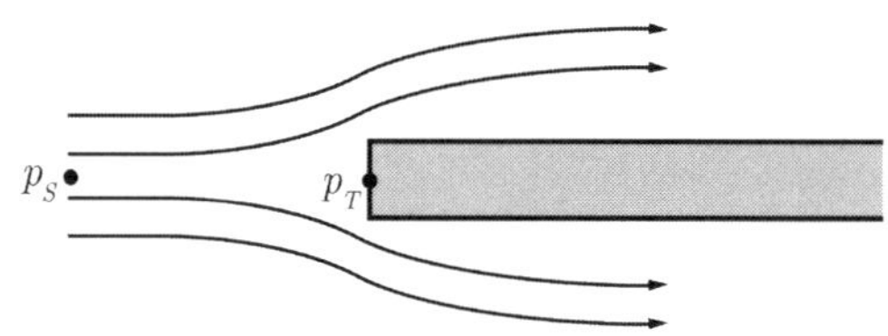

〈그림 3-14〉 전압과 정압

3.4.2 토리첼리의 정리

<그림 3-15>와 같은 큰 물탱크의 아래 쪽 벽면에 있는 작은 구멍(orifice)으로부터 물이 유출할 때, 유속과 물탱크와의 관계를 베르누이 정리를 이용하면 구할 수 있다. 그리고 작은 구멍에서 수면까지의 높이가 H[m]이고, 또한 물이 유출되어도 물탱크 내의 수면은 내려가지 않도록 항상 외부로부터 물을 보급하고 있고, 또한 물탱크가 큰 경우에는 수면이 내

려가는 속도도 무시할 수 있으므로, 수면 ①과 유출구 ②에 대하여 다음과 같이 베르누이의 정리를 적용할 수 있다.

$$\frac{p_1}{\rho g}+\frac{v_1^2}{2g}+z_1=\frac{p_2}{\rho g}+\frac{v_2^2}{2g}+z_2=\text{일정 [m]} \quad \cdots\cdots (3-15)$$

여기서, p_1과 p_2는 모두 대기압이므로, 게이지 압력은 0이 된다. 유속 v_1도 가정에 의해 0이 된다. 또한, 기준면으로서 유출 구멍의 중심을 지나는 수평면을 취하면, $z_2=0$, $z_1=H$가 된다. 이와 같은 관계를 위의 식에 대입하면, 다음과 같이 된다.

$$0+0+H=0+\frac{v_2^2}{2g}+0 \quad \cdots\cdots (3-16)$$

$$\therefore v_2=\sqrt{2gH} \quad \cdots\cdots (3-17)$$

이와 같이 구멍에서 유출되는 물의 유속은 베르누이의 정리를 이용하면 간단히 구할 수가 있다. 이것을 토리첼리의 정리(Torricelli's theorem)라고 한다. 위의 식은 물이 갖고 있는 중력에 의한 위치 에너지는 모두 속도 에너지로 변환된 것을 나타내며, 또한 구멍으로부터의 물의 유출 속도는 물의 높이 H[m]와 중력가속도 g[m/s^2]만에 의해 결정되며, 유체의 성질에는 관계가 없음을 나타내고 있다.

그런데, 이 식은 마찰이 없는 경우로서, 실제로는 유체의 점성효과 때문에 유속은 약간 떨어지게 된다.

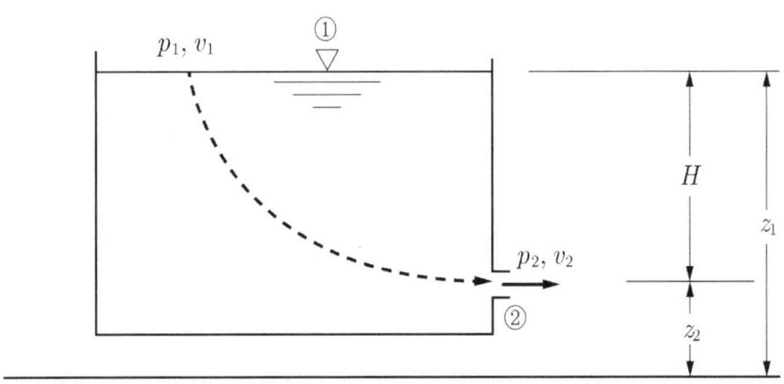

〈그림 3-15〉 토리첼리의 정리

3.4.3 피토관의 원리

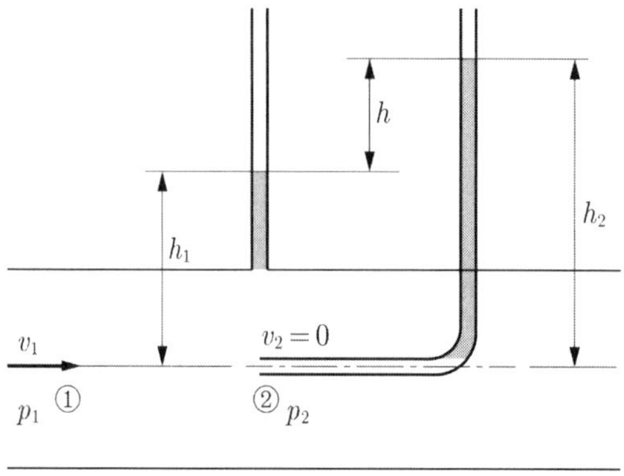

〈그림 3-16〉 피토관의 원리

어느 일정한 수평관중에 유체가 흐르고 있을 때, <그림 3−16>과 같이 흐름에 평행하게 놓은 L자형의 2중관을 사용한 피토관(pitot tube)을 이용하여 관내 유속을 측정할 수 있다.

주류 ①의 흐름은 피토관 선단부 ②에서 일단 정지한다. 이 점을 정체점(stagnation point)이라고 하며, 이 점에서의 압력을 정체압(stagnation pressure)이라고 한다.

상류측 ①과 정체점 ② 사이에 베르누이 정리를 사용하면 다음과 같이 된다.

$$\frac{p_1}{\rho g}+\frac{v_1^2}{2g}=\frac{p_2}{\rho g}+\frac{v_2^2}{2g} \quad \cdots\cdots (3-18)$$

여기서, $v_1 = v$, $v_2 = 0$로부터 다음과 같이 된다.

$$v=\sqrt{\frac{2(p_2-p_1)}{\rho}} \quad \cdots\cdots (3-19)$$

여기서, p_1은 정압, p_2는 전압(또는 정체압)이다.

그런데 유체에는 점성이 있기 때문에 실용 유속의 식은 다음과 같이 된다.

$$v=C\sqrt{\frac{2(p_2-p_1)}{\rho}} \quad \cdots\cdots (3-20)$$

여기서, C를 속도계수(velocity coefficient) 또는 피토관 계수라고 한다.

유체와 피토관 내 유체가 동일하면, $(p_2-p_1)/\rho g = h$로 되어,

$$v = C\sqrt{2gh} \quad \cdots\cdots (3-21)$$

로 된다.

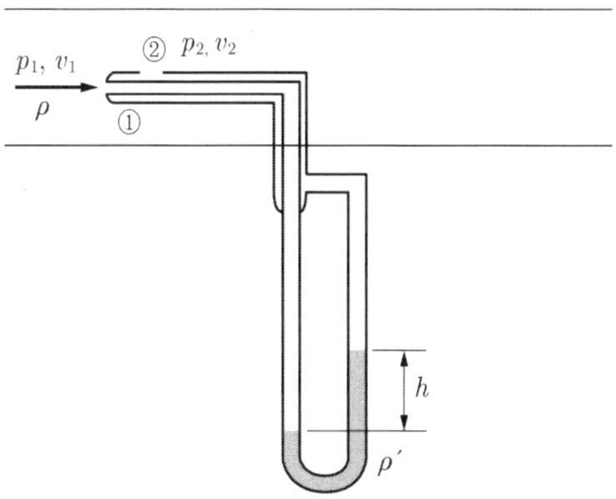

〈그림 3-17〉 피토관

<그림 3-17>에는 실제로 유체의 압력측정에 사용되는 피토관을 나타낸 것이다.

2중관의 앞 끝부분의 구멍(全壓孔) ①과 측벽에 설치된 구멍(靜壓孔) ②와의 사이에 베르누이 정리를 적용하면 앞에서 유도한 식과 동일하게 된다.

따라서 피토 관내 액체의 밀도를 ρ'라고 하면, $\dfrac{(p_2 - p_1)}{\rho g} = \dfrac{\rho'}{\rho}h$로 되며, 이 때

$$v = C\sqrt{2gh\frac{\rho'}{\rho}} \quad \cdots\cdots (3-22)$$

로 된다. 이것으로부터 전압과 정압의 차, 즉 동압을 측정함으로써, 속도를 산출할 수가 있다. 이것이 피토관(pitot tube)의 원리이다.

예제 3.4

공기가 흐르고 있는 덕트 내에서 풍속을 측정하였다. 이때 동압이 수주로 30 mm, **피토관 계수가** 0.98**일 때 풍속은 얼마인가**? (단, 공기와 물의 밀도는 각각 1.2 kg/m^3, 1,000 kg/m^{3}이다)

풀이 $v = C\sqrt{2gh\dfrac{\rho'}{\rho}} = 0.98\sqrt{2 \times 9.8 \times 0.03 \times \dfrac{1,000}{1.2}} = 21.7 \text{ m/s}$

예제 3.5

<그림 3－18>**과 같은 덕트에서 점 ①에서의 동압** p_v[mmAq]**와 평균 속도** v[m/s]**를 구하시오**. (단, 중력가속도는 $9.8\,m/s^2$, 공기의 밀도는 $1.2\,kg/m^3$이다)

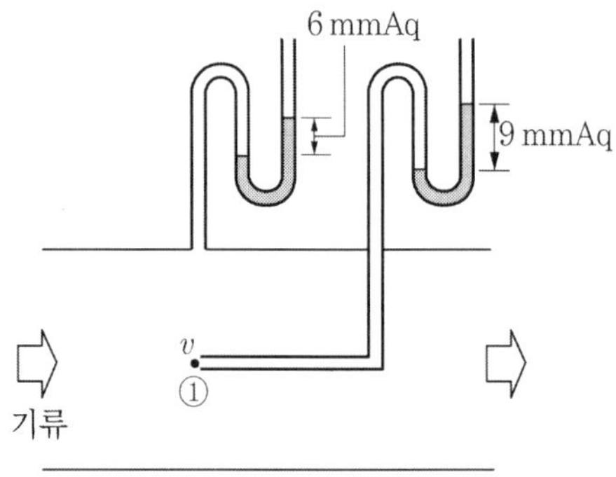

〈그림 3-18〉 예제 그림

풀이 1) <그림 3－18>에서 정압은 $p_S = 6$ mmAq, 전압은 $p_T = 9$ mmAq이므로, 동압은 다음과 같이 된다.

$$p_v = p_T - p_S = 9 - 6 = 3\ \text{mmAq}$$

2) 1 mmAq = 9.8 Pa이므로 3mmAq = 3×9.8Pa = 29.4Pa이다.

관내의 평균 유속은 $p_v = \dfrac{\rho v^2}{2}$에서 다음과 같이 된다.

$$v = \sqrt{\frac{2p_v}{\rho}} = \sqrt{\frac{2\times 29.4}{1.2}} = 7\ \text{m/s}$$

3.4.4 벤츄리 미터

관로의 일부분에 단면적을 축소시킴으로서 압력 변화를 일으켜 유량을 측정하는 것을 벤츄리 미터(Venturi meter) 또는 벤츄리관이라고 하며, 이탈리아의 물리학자인 벤츄리(Venturi)에 의해 고안되었다.

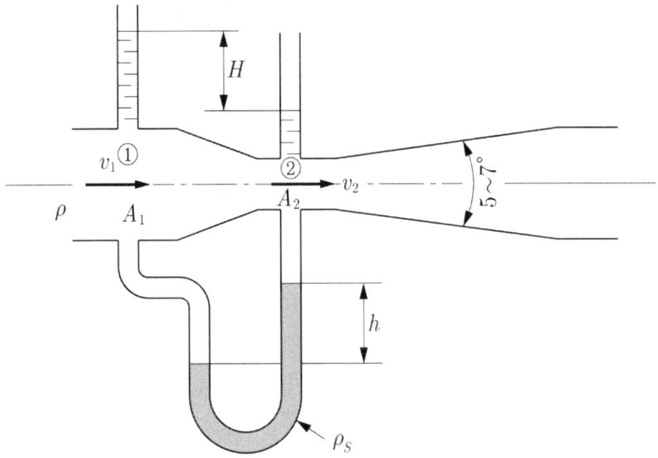

〈그림 3-19〉 벤츄리 미터

<그림 3-19>는 벤츄리 미터를 나타낸 것으로서, ②부분을 목(throat)이라고 한다. 벤츄리관의 입구인 ①부분의 단면적, 평균 유속 및 압력을 각각 A_1, v_1, p_1, 목 부분 ②에서의 값을 A_2, v_2, p_2라고 하면, 연속의 법칙으로부터 체적 유량 $Q\,[\mathrm{m^3/s}]$는 다음과 같이 된다.

$$Q = A_1 v_1 = A_2 v_2$$

$$\text{또는 } v_2 = \frac{A_1}{A_2} v_1 = \left(\frac{d_1}{d_2}\right)^2 v_1 \quad \cdots\cdots (3-23)$$

그런데 관의 단면적은 $A_1 > A_2$이므로, 유체의 유속은 $v_2 > v_1$이 된다. 이와 반대로 단면적이 확대되는 경우에는 $A_1 < A_2$이므로, 유체의 유속은 $v_2 < v_1$이 된다.

또한 위치 수두는 $z_1 = z_2$로 같으므로 단면적이 축소되는 경우, 베르누이의 정리를 이용하면 다음과 같이 된다.

$$\frac{p_1}{\rho g} + \frac{v_1^2}{2g} = \frac{p_2}{\rho g} + \frac{v_2^2}{2g}$$

$$\text{또는 } \frac{v_2^2 - v_1^2}{2} = \frac{p_1 - p_2}{\rho} \quad \cdots\cdots (3-24)$$

위의 식으로부터 단면적이 축소되는 경우(연속 방정식에 의해 유속이 증가), 유속 증가분, 즉, 속도 수두 증가분만큼 압력 수두로 바뀌었음을 알 수 있다. 바꾸어 말하면, 흐름 방향으로 단면적이 축소되면, 압력에 의한 에너지를 감소시킴으로서 속도 에너지(유속)를 증가시키는 것이다. 단면적이 확대되는 경우는 이와 반대되는 에너지의 변환이 발생한다.

그리고 유량은 식 (3－23)과 식 (3－24)와 $\frac{p_1 - p_2}{\rho g} = H$(압력 헤드의 차)로부터 다음과 같이 된다.

$$v_2 = \frac{1}{\sqrt{1-\left(\frac{A_2}{A_1}\right)^2}}\sqrt{\frac{2(p_1 - p_2)}{\rho}} = \frac{1}{\sqrt{1-\left(\frac{A_2}{A_1}\right)^2}}\sqrt{2gH} \quad \cdots\cdots (3-25)$$

$$\therefore\ Q = A_2 v_2 \quad \cdots\cdots (3-26)$$

$$= \frac{A_2}{\sqrt{1-(A_2/A_1)^2}}\sqrt{2gH}$$

즉, ①부분과 ②부분의 압력차 H에 의해서 유량을 산출할 수가 있다. 이것이 벤츄리 미터의 원리이다. 실제로는 관로에 유체가 흐를 때 마찰 등의 에너지 손실 등의 영향으로 식 (3－26)의 값보다도 작아진다. 즉, 식 (3－26)은 이론식으로서 실제로는 이 식에 유량계수 C를 곱하여야만 한다.

$$\therefore\ Q = CA_2 v_2 \quad \cdots\cdots (3-27)$$

$$= \frac{CA_2}{\sqrt{1-(A_2/A_1)^2}}\sqrt{2gH}$$

또한 그림에서 하부에 U자관 마노미터를 설치하여 그 마노미터의 액주차(밀도 ρ_s)가 h라고 한다면, $p_1 - p_2 = (\rho_s - \rho)gh$이므로 식 (3－27)은 다음과 같이 된다.

$$\therefore\ Q = CA_2 v_2 \quad \cdots\cdots (3-28)$$

$$= \frac{CA_2}{\sqrt{1-(A_2/A_1)^2}}\sqrt{2gh\left(\frac{\rho_s}{\rho} - 1\right)}$$

예제 3.6

<그림 3－19>**와 같은 벤츄리관에서 점 ①과 점 ②에서의 직경이 각각** 100 cm, 30 cm **이다. 그리고 마노미터에는 수은이 들어 있으며, 수은주 차는** 300 mm, **유량계수는** 0.98**일 때 실제의 유량을 구하시오.** (단, 수은의 비중은 13.6이다)

풀이 $\therefore\ Q = CA_2 v_2$

$$= \frac{CA_2}{\sqrt{1-(A_2/A_1)^2}}\sqrt{2gh\left(\frac{\rho_s}{\rho}-1\right)}$$

$$= \frac{0.98\times\frac{\pi}{4}\times 0.3^2}{\sqrt{1-(0.3/1)^4}}\sqrt{2\times 9.8\times 0.3\times\left(\frac{13.6}{1}-1\right)}$$

$$= 0.5987\ \mathrm{m^3/s}$$

3.4.5 오리피스 및 노즐에 의한 유량측정의 원리

유량측정에는 오리피스와 노즐이 종종 사용된다. 이것들의 형상은 원판의 중앙에 구멍을 뚫은 것이지만, 구멍의 형상은 <그림 3－20>에 나타낸 바와 같이 차이가 있다.

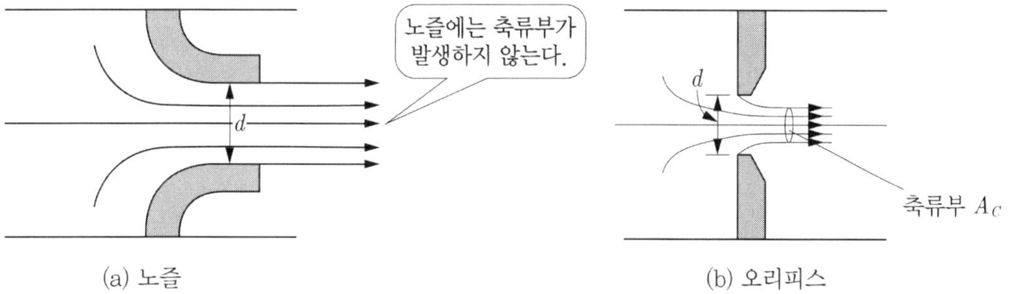

〈그림 3-20〉 노즐과 오리피스의 흐름

노즐은 유입측 구멍의 테두리가 둥글게 되어 있다. 흐름이 구멍의 내경 d에 가득차서 유출한다. 그러나 오리피스는 테두리가 예리하게(테두리부의 각도는 90°) 제작되었기 때문에 흐름이 거기에서부터 떨어져 나가게 된다. 따라서 유선의 구부러짐에 의한 원심력이 작용하기 때문에 오리피스 구멍보다 적은 하류에서 분류단면적이 최소로 된다. 이와 같이 분류단면적이 오리피스 단면적보다 작은 단면으로 수축하여 유출하는 현상을 축류(vena contracta)

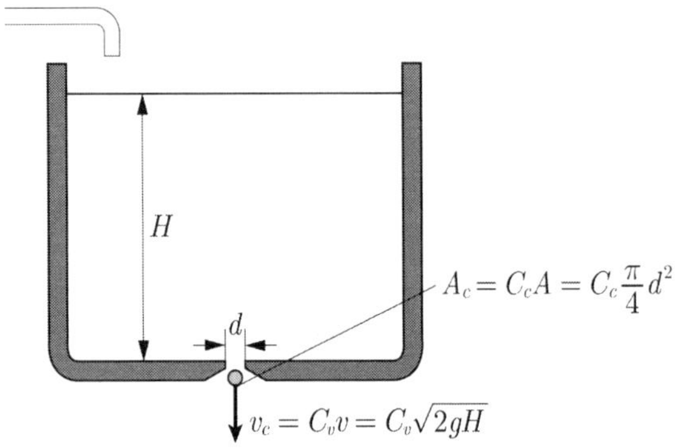

〈그림 3-21〉 탱크 오리피스에 의한 유량 측정

라고 한다. 단면적이 최소로 되는 곳을 축류부라고 하며, 축류부의 단면적을 A_c, 오리피스 구멍의 단면적을 $A = \frac{\pi d^2}{4}$ 라고 하였을 때, 다음 식으로 주어지는 계수를 수축계수(coefficient of contraction)라고 한다.

$$\frac{A_c}{A} = C_c \quad \cdots\cdots (3-29)$$

탱크의 옆면이나 바닥면에 작은 구멍으로 오리피스를 설치하여 유량을 측정하는 방법을 탱크 오리피스라고 하며, 그 예를 <그림 3-21>에 나타낸다. 실제 흐름에는 점성이 있기 때문에 점성에 의한 유출속도의 감소가 발생한다. 여기서 베르누이 정리로부터 얻어지는 유속 v를 이론값으로 생각하고 실제 분류의 속도 v_c는 이론값 v에 속도계수 C_v를 곱하여 구한다. 속도계수 C_v는 이론값에 대한 분류의 속도비로서 다음 식과 같이 정의된다.

$$C_v = \frac{v_c}{v} \quad \cdots\cdots (3-30)$$

수면으로부터 오리피스 구멍의 중심까지의 수직거리를 H라고 하면, 분류의 이론 유속 v는 토리첼리의 정리[식 (3-17)]로부터 $v = \sqrt{2gH}$ 이므로, 유량 Q는

$$Q = A_c v_c = C_c A\, C_v v = C_c C_v A v = C \frac{\pi d^2}{4} \sqrt{2gH} \quad \cdots\cdots (3-31)$$

로 된다. 여기서 $C = C_c C_v$를 유량계수라고 하며, 실험적으로 구하여야 한다.

다음에 오리피스를 설치하여 유량을 측정하는 관내 오리피스의 경우를 생각해 본다.

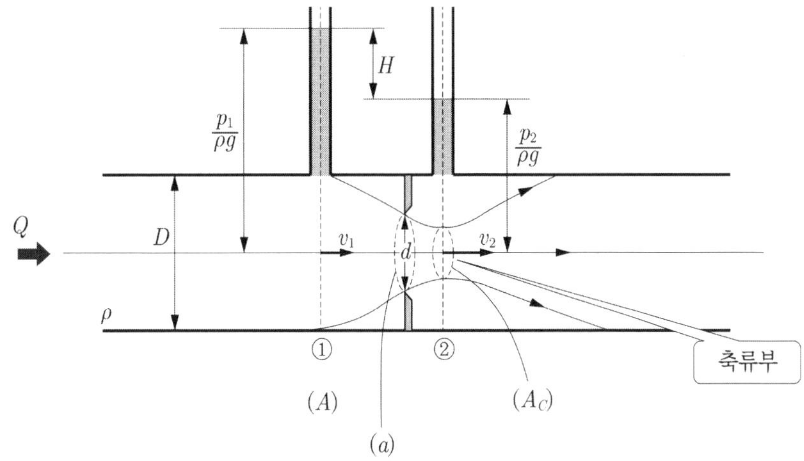

〈그림 3-22〉 관내 오리피스에 의한 유량 측정

<그림 3-22>는 관내에 설치한 오리피스 전후의 유선의 모양을 나타낸 것이다. 관의 중심을 통과하는 유선 상에서 오리피스 상류측의 흐름이 관내에 꽉 차서 흐르는 위치를 ①, 축류부의 위치를 ②로 한다. 위치 ①의 유속을 v_1, 압력을 p_1, 위치 ②에서의 유속을 v_2, 압력을 p_2로 한다. 이상유체의 흐름을 가정하면, 베르누이 정리를 적용할 수 있다. 여기서 베르누이 식과 연속의 식을 사용하여 다음과 같이 유속을 구할 수 있다.

$$\frac{p_1}{\rho g}+\frac{v_1^2}{2g}=\frac{p_2}{\rho g}+\frac{v_2^2}{2g} \quad \cdots\cdots (3-32)$$

또한 연속의 식으로부터

$$Q=A_1v_1=A_2v_2 \quad \cdots\cdots (3-33)$$

가 성립한다. 단 관의 단면적 $A_1=\frac{\pi D^2}{4}$, 축류부 ②의 단면적을 A_c로 한다.

식 (3-32) 및 식 (3-33)으로부터 v_1을 소거하면 다음 식을 얻을 수 있다.

$$v_2=\frac{1}{\sqrt{1-(A_c/A_1)^2}}\sqrt{\frac{2(p_1-p_2)}{\rho}} \quad \cdots\cdots (3-34)$$

식 (3-34)는 이상유체의 흐름에 대한 경우이지만, 실제로는 점성이 있기 때문에 오리피스 구멍을 통과하는 실제의 유속 v_c는 이론값 v_2에 속도계수 C_v를 곱하여 $v_c=C_vv_2$로 된다.

한편 축류부 단면적 A_c는 오리피스 구멍의 단면적 $a=\frac{\pi d^2}{4}$에 수축계수 C_c를 곱하여 $A_c=C_c a=C_c\frac{\pi d^2}{4}$로 주어진다. 그리고 교축 직경비를 $\beta=\frac{d}{D}$로 하면, $\frac{a}{A_1}=\beta^2$이므로 식 (3-34) 중의 $A_c/A_1=C_c a/A_1=C_c\beta^2$으로 되며, 실제 유량 Q는 다음 식과 같이 구해진다.

$$Q=A_c v_c=C_c a C_v v_2=\frac{C_v C_c a}{\sqrt{1-(C_c\beta^2)^2}}\sqrt{\frac{2(p_1-p_2)}{\rho}} \quad \cdots\cdots (3-35)$$

관내 오리피스의 경우, 유량측정에는 유량계수 $\alpha=C_v C_c/\sqrt{1-(C_c\beta^2)^2}$를 이용하여 유량을 다음 식으로 계산한다.

$$Q=\alpha\frac{\pi d^2}{4}\sqrt{\frac{2(p_1-p_2)}{\rho}} \quad \cdots\cdots (3-36)$$

유량계수 α는 관 레이놀즈수 $Re=\frac{Dv}{\nu}$와 β의 값에 의해 변화한다. 오리피스는 KS 규격을 참조하여 설계한다.

예제 3.7

탱크 오리피스로부터 물이 $0.5\,\mathrm{m^3/min}$으로 유출하고 있다. 수면으로부터 오리피스 구멍의 중심까지의 수직거리가 $2\,\mathrm{m}$, 오리피스의 직경이 $50\,\mathrm{mm}$일 때, 유량계수를 구하시오.

풀이 $v=\sqrt{2gH}=\sqrt{2\times 9.8\times 2}=6.26\,\mathrm{m/s}$

$$Q=C\frac{\pi d^2}{4}v=C\frac{\pi d^2}{4}\sqrt{2gH}$$

$$\therefore\ \frac{0.5}{60}=C\frac{\pi}{4}\times 0.05^2\times 6.26$$

$$\therefore\ C=0.678$$

예제 3.8

물탱크 내에 물이 $6\,\mathrm{m}$ 높이로 차있다. 탱크 밑면에 직경 $50\,\mathrm{mm}$의 오리피스로부터 $15\,\mathrm{L/s}$의 물이 유출하고 있을 때, 축류부의 속도가 $10\,\mathrm{m/s}$였다. 속도계수, 유량계수 및 수축계수를 각각 구하시오.

풀이 속도계수 $C_v = \dfrac{v_c}{v_2} = \dfrac{10}{\sqrt{2gh}} = \dfrac{10}{\sqrt{2 \times 9.8 \times 6}} = 0.922$

유량계수 $C = \dfrac{Q}{Q_{th}} = \dfrac{Q}{A\sqrt{2gh}} = \dfrac{15 \times 10^{-3}}{\dfrac{\pi}{4} \times 0.05^2 \times \sqrt{2 \times 9.8 \times 6}} = 0.7045$

수축계수 $C_c = \dfrac{C}{C_v} = \dfrac{0.7045}{0.922} = 0.764$

3.4.6 사이펀 작용

액체를 높은 곳에서 낮은 곳으로 이동시키는 U자형 또는 V자형의 곡관을 사이펀(siphon)이라고 한다. <그림 3-23>과 같이 곡관 내에 물을 채우고 그 한쪽 끝을 용기 내의 물속에 넣으면 용기 내의 물은 관로 내에서 용기 내의 수면보다 위로 올라갔다가 다른 쪽 끝에서 유출한다. 이것을 사이펀 작용이라고 하며, 사이펀의 원리는 다음과 같다.

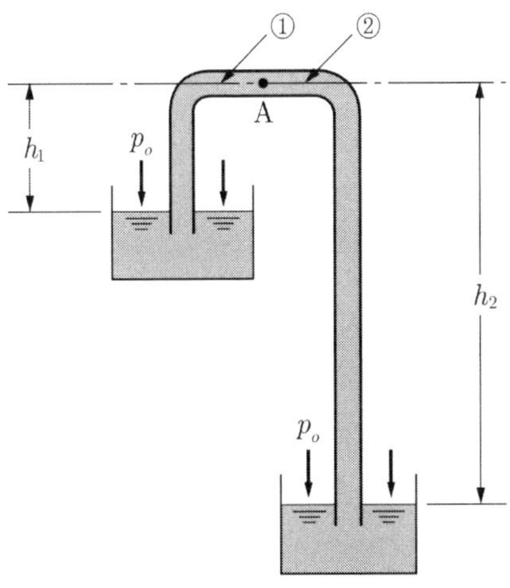

〈그림 3-23〉 사이펀

지금 용기 내의 밀도가 ρ이고, 대기압이 p_0일 때 A점을 경계로 하여 점 ① 및 점 ②에서의 압력을 각각 p_1, p_2라고 하면, 다음과 같이 쓸 수 있다.

$$p_1 = p_o - \rho g h_1 \quad \cdots\cdots (3-37)$$

$$p_2 = p_o - \rho g h_2 \quad \cdots\cdots (3-38)$$

그런데, $h_1 < h_2$이므로, $p_1 > p_2$로 되어, 점 ①에서 점 ②로 물이 흐르게 된다.

예제 3.9

<그림 3-23>과 같은 사이펀에서 $h_1 = 2\,\mathrm{m}$, $h_2 = 7\,\mathrm{m}$일 때, 사이펀의 출구 ③에서의 유량은 몇 $\mathrm{m^3/s}$인가? (다만, 관의 안지름은 15 mm로 일정하고, 손실은 무시한다)

풀이 <그림 3-23>에서 사이펀의 입구 및 출구를 각각 ① 및 ②라고 하면, ①과 ②점 사이에 베르누이 정리를 적용하면 다음과 같이 된다.

$$\frac{p}{\rho g} + \frac{1}{2g}v^2 + z = H = \text{일정 } [\mathrm{m}](=[\mathrm{J/N}])$$

$$\frac{p_1}{\rho g} + \frac{v_1^2}{2g} + z_1 = \frac{p_2}{\rho g} + \frac{v_2^2}{2g} + z_2$$

그런데, $p_1 = p_2 = p_0$(대기압), $v_1 = 0$이므로 출구측 유속과 유량은 다음과 같이 된다.

$$v_2 = \sqrt{2g(z_2 - z_1)} = \sqrt{2g(h_2 - h_1)}$$
$$= \sqrt{2 \times 9.8 \times 5} \fallingdotseq 9.9\ \mathrm{m/s}$$
$$\therefore Q = A\,v_2$$
$$= \frac{\pi}{4} \times (0.015)^2 \times 9.9 \fallingdotseq 0.00175\ \mathrm{m^3/s}$$

Chapter 04

원관 내의 흐름

Chapter 04 원관 내의 흐름

비점성, 비압축성인 이상유체와는 달리 점성과 압축성 효과를 갖는 실제 유체에서는 흐름의 조건이 매우 복잡하다. 물, 가스, 기름 등의 유체에는 실제로 점성이 있으며, 이들 유체를 수송하는데 일반적으로 원관을 사용하고 있다. 따라서 이와 같은 흐름을 관내 흐름(pipe flow, duct flow)이라고 한다. 여기서는 점성유체인 원관 내의 흐름에 대해 살펴본다.

4.1 유체마찰

일반적으로 유체가 운동하고 있을 때, 점성 때문에 유체와 유체 또는 유체와 고체 사이에 마찰력이 작용한다. 이때 전자를 내부마찰(內部摩擦), 후자를 외부마찰(外部摩擦)이라고 하며, 이들을 총칭하여 유체마찰(流體摩擦)이라고 한다.

이 유체마찰은 마찰 저항을 이겨 내면서 유체를 흐르게 하는데 어느 정도의 에너지를 소모하며, 이 에너지는 열의 형태로 변화하고 흐름의 에너지로는 회수할 수 없으므로 마찰손실이라고 하며, 다른 조건이 동일하다고 가정하면 점성이 큰 유체일수록 이와 같은 손실이 크게 된다.

4.2 층류와 난류

4.2.1 층류와 난류 그리고 레이놀즈수

유체의 운동은 주로 유체 분자의 병진 운동에 의한 유동, 회전 운동에 의한 와동, 주기 운동인 파동의 3가지로 크게 분류할 수 있다. 보통은 이 3가지가 복합된 복잡한 유체 유동을 하게 된다.

이 중에서 유동(흐름)을 더 분류해 보면, 유체 분자가 규칙적으로 층을 이루면서 흐르는 층류(laminar flow)와 유체 분자가 불규칙하게 서로 섞이는 혼란된 흐름인 난류(turbulent flow)로 나누어진다.

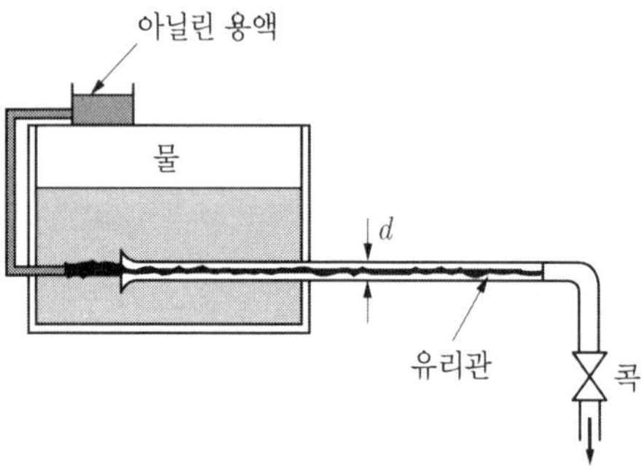

〈그림 4-1〉 레이놀즈의 실험

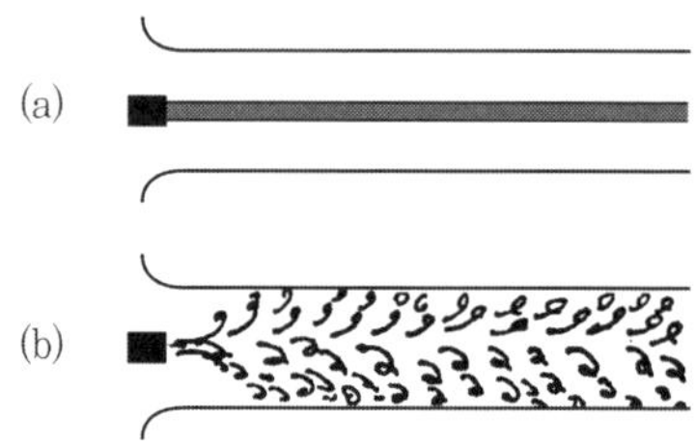

〈그림 4-2〉 층류와 난류

이와 같은 흐름의 상태를 레이놀즈(Reynolds)는 <그림 4-1>과 같은 장치로 조사하는 실험을 하였다. 먼저, 우측의 콕을 약간 열어놓으면, 나팔 상태의 유리관내의 유속이 낮은 상태에서는 아닐린 용액은 확산하지 않고, <그림 4-2>의 (a)에 표시하는 바와 같이 관의 축에 평행하게 흐른다. 이러한 흐름을 층류라고 한다. 또한 우측의 콕을 열어 어느 정도 유속을 증가시키면 유리관내의 아닐린 용액은 <그림 4-2>의 (b)에 표시하는 바와 같이 불규칙한 소용돌이가 되어, 관 전체에 걸쳐서 분산해서 흐른다. 이러한 흐름을 난류라고 한다. 이와 같은 현상은 유속과 관경이 작을수록 아닐린 용액은 물과 혼합되지 않고 일정하게 축 방향으로 흐르며, 유속과 관경이 증대하고 유체의 동점성 계수를 감소시키면 유체는 관축에 수직한 속도 성분을 갖게 되어 혼합 상태로 된다. 레이놀즈는 이 두 가지 흐름의 상태가 레이놀즈수라는 무차원 수에 의하여 정해진다는 것을 발견하였다. 즉, 관내의 흐름이 층류인가 난류인가는 관내의 평균유속을 $v\,[\mathrm{m/s}]$, 관의 안지름을 $d\,[\mathrm{m}]$, 유체의 동점성 계수를 $\nu\,[\mathrm{m^2/s}]$라고 하면, 다음과 같은 식이 성립한다.

$$Re = \frac{v\,d}{\nu} \quad \cdots\cdots (4-1)$$

이 Re를 레이놀즈수(Reynolds number)라고 하며, 단위가 없는 무차원 수로서 $\dfrac{\text{관성력}}{\text{점성력}}$의 비를 나타낸다.

식 (4-1)에서 $v\,[\mathrm{m/s}]$ 및 관의 안지름 $d\,[\mathrm{m}]$를 각각 대표 속도와 대표 길이라고 한다.

그리고 원관이 아닌 경우의 대표길이는 수력직경(hydraulic diameter) $D_h = 4R_h$로 하며, R_h는 수력반경으로 다음과 같이 표시된다.

$$R_h = \frac{A}{S} \quad \cdots\cdots (4-2)$$

여기서 A는 단면적, S는 접수(接水)길이이다. 예로서 4각 덕트의 두 변의 길이가 각각 a, b이면 $D_h = 4R_h = 4ab/2(a+b) = 2ab/(a+b)$가 대표길이가 된다.

Re가 작을 때의 흐름은 층류이고, Re가 크게 되면 난류로 변한다. 이것은 다음과 같이 쓸 수 있다.

층류 : $Re < 2{,}000$
난류 : $Re > 4{,}000$

층류 영역에서 난류 영역 사이를 천이 영역이라고 한다.

일반적으로 층류에서 난류로 천이할 때의 유속을 임계 유속이라고 하며, 이와 같이 천이할 때의 레이놀즈수를 임계 레이놀즈수 Re_c라고 한다.

그런데 난류 상태의 흐름으로부터 속도가 감소하여 층류로 바꾸는 한계의 레이놀즈수를 하임계 레이놀즈수, 층류 상태의 흐름으로부터 속도가 증가하여 난류로 바뀌는 한계의 레이놀즈수를 상임계 레이놀즈수라고 하며, 보통 상임계 레이놀즈수는 5,000이 상한이지만, $Re_c = 10{,}000$까지도 층류 상태를 유지하는 경우가 있다.

원관이 아닌 경우의 흐름에 대한 임계 레이놀즈수는 다음과 같이 정하고 있다.

평행평판 사이의 흐름 : $Re_c \fallingdotseq 1000$ (평균속도 : v, 대표길이 : 판 사이 간격)
개수로(開水路)의 흐름 : $Re_c \fallingdotseq 500$ (평균속도 : v, 대표길이 : 수심)
구(sphere, 球) 주위의 흐름 : $Re_c \fallingdotseq 1$ (근접속도 : v, 대표길이 : 구의 직경)

원관의 경우, 원관 내에서 층류에서 난류로 바뀔 때의 임계 레이놀즈수의 상한은 아직 정확하지 않지만, 난류에서 층류로 바뀔 때의 임계 레이놀즈수의 하한 값은 확정되어 있고, 실험에 의하면 이 값은 2,320으로 이것을 보통 임계 레이놀즈수라고 한다. 그리고 레이놀즈수가 2,320 이하인 흐름에서는 흐름에 난조를 일으켜도 하류에서는 층류로 돌아간다.

유체의 난류 흐름 상태는 유속뿐만 아니라 관의 확대 및 축소, 방향 변화에 의해서도 발생한다. <그림 4-3>은 관내 흐름에서 방향 변화나 단면 변화에 의해 발생되는 난류 상태를 나타낸 것이다.

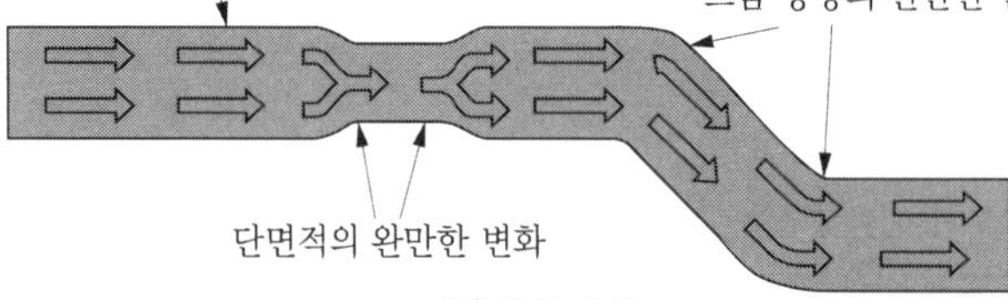

(a) 층류 흐름

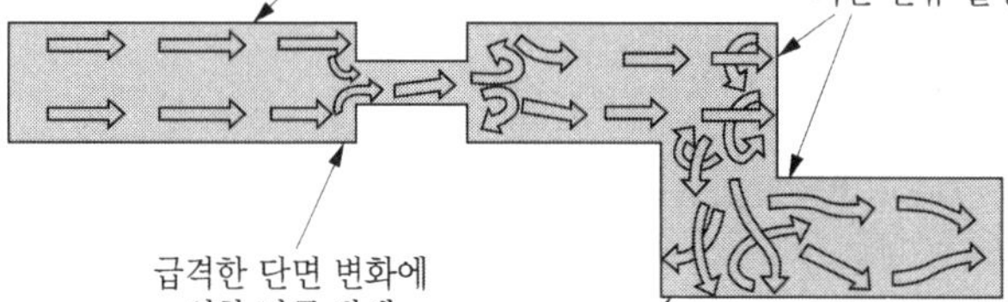

(b) 난류 흐름

〈그림 4-3〉 단면적과 흐름의 방향 변화에 의한 난류의 발생

예제 4.1

지름이 4 cm인 수평한 원관 내에 20℃의 물이 1 m/s의 평균 속도로 흐르고 있다. 이 흐름의 레이놀즈수를 구하고, 흐름이 층류인지 난류인지를 판별하시오.

(단, 물의 동점성 계수는 1.004×10^{-6} m^2/s이다)

풀이 1) 레이놀즈수

$$Re = \frac{v\,d}{\nu} = \frac{1 \times 0.04}{1.004 \times 10^{-6}} = 39,840.6$$

2) 레이놀즈수가 4,000보다 크므로 난류이다.

4.2.2 층류와 난류의 속도분포

(1) 층류의 속도분포

층류흐름은 유체입자가 얇은 층을 이루며 유적선을 따라 운동하는데, 이 때 서로 다른 유선을 가로지르지 않고 자기 유선을 따라 운동하므로, 이웃하는 층과 층은 매끄럽게 미끄러

지면서 흐른다. 난류로 전향하려는 경향은 인접층간의 상대운동을 저지시키는 점성 전단력에 의하여 억제된다.

이와 같은 층류흐름은 주로 낮은 유속에서 나타나며, 유체의 점성이 흐름의 성질에 중요한 역할을 한다. 앞에서 설명한 바와 같이 일반적으로 관내 유동에서는 $Re \leq 2{,}320$의 경우를 층류로 취급한다.

이러한 층류에서는 흐름을 가로지르는 속도성분이 없으므로, 즉 불규칙적인 와동현상이 없으므로 흐름을 방해하는 요소는 유체의 점성 계수 μ와 유동방향에 대한 속도구배 du/dy (u : 흐름방향의 속도성분, y : 흐름방향에 대한 직각좌표)로서 표시되는 뉴턴의 점성법칙에 의한 전단응력이 작용한다.

$$\tau_l = \mu \frac{du}{dy} \quad \cdots\cdots (4-3)$$

이 전단응력 τ_l은 인접하는 층 사이에서 일어나는 전단응력이다.

(2) 난류의 속도분포

실제로 일어나는 대부분의 공학상의 흐름, 예를 들면 플랜트 배관 내 흐름, 터보기계의 회전차 등의 내부 흐름은 속도, 압력, 온도 등이 시간적으로 불규칙하게 변하고 있다. 이와 같이 속도 등이 시간적으로 불규칙한 변동 성분을 갖는 흐름을 난류흐름이라고 한다. 흐름 내 어느 한 점에서 순간속도를 열선 풍속계를 이용하여 측정한 예를 <그림 4-4>에 나타내었다. 이 때 유속 u는 시간의 경과와 함께 계속 변동하고 있다. 이 변동속도 성분 u'은 보통의 흐름에서는 시간 평균속도 $\bar{u}$에 대하여 1~3% 정도이다.

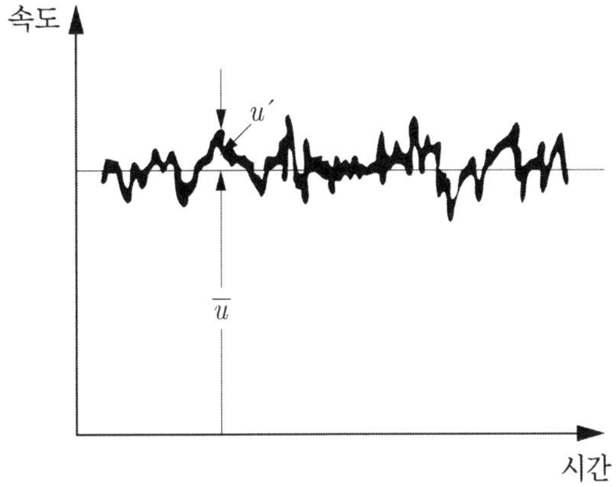

〈그림 4-4〉 난류 흐름의 속도 변화

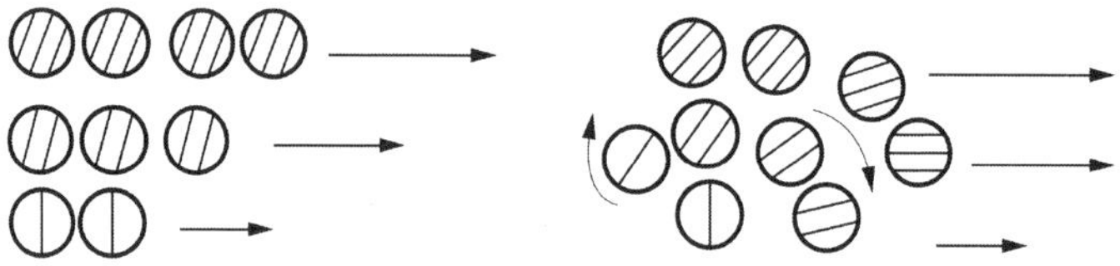

(a) 층류　　　　(b) 난류

〈그림 4-5〉 층류 및 난류에서의 유체 입자의 운동

또한, 난류에서는 공간적인 관점에서도 유체의 속도성분이 변동한다. 그 모양을 층류의 경우와 더불어 유체 입자의 거동에 대하여 <그림 4-5>에 표시하였다.

레이놀즈수가 작은 층류에서는 속도가 빠른 유체 입자와 느린 유체 입자가 점성에 의해 서로 맞당기면서 <그림 4-5(a)>와 같이 정연하게 흐른다. 그러나 레이놀즈수가 커져 난류가 되면 이와 같은 흐름은 불안정하고, <그림 4-5(b)>와 같은 와동이 발생한다. 이 와동의 방향은 3차원적이며 와동의 크기나 세기도 가지각색이다. 또 그 발생 장소나 주기도 대단히 불규칙하다.

전단류에 있어서 이러한 난류의 와동현상은 속도 또는 온도가 높은 유체와 낮은 유체를 혼합시키는 작용을 하므로, 층류에 비하여 운동량이나 열량의 전달능력이 대단히 크고, 그 결과 층류의 경우와는 속도분포나 온도분포가 달라진다.

<그림 4-6>에는 관내의 속도분포를 층류와 난류의 경우에 대하여 비교하여 나타내었다. <그림 4-6>에서 층류의 경우는 포물선 형태의 속도분포를 이루지만, 난류의 경우는 벽면으로부터 떨어진 단면상에서는 와동에 의하여 속도가 일정해지는 경향을 나타낸다. 한편, 벽면 근처에서는 흐름이 벽면에 막히므로 벽면에 수직방향 속도성분이 없어지며 와동 입자가 존재하지 않게 된다. 이와 같이 벽면에 극히 가까운 얇은 층을 점성저층(viscous layer)이라고 한다.

점성저층이 형성됨에 따라 벽면에서의 전단응력은 층류의 경우와 마찬가지로

$$\tau_o = \mu \left(\frac{d\bar{u}}{dy} \right)_{y=0} \quad (\bar{u} : \text{시간 평균속도}) \qquad (4-4)$$

로 주어진다. 벽면에서는 어느 정도 떨어진 위치에서부터 속도가 거의 일정해짐에 따라 점성저층에 있어서의 속도구배 $d\bar{u}/dy$가 증가하므로 벽면에 작용하는 전단응력은 층류에 비하여 훨씬 크다.

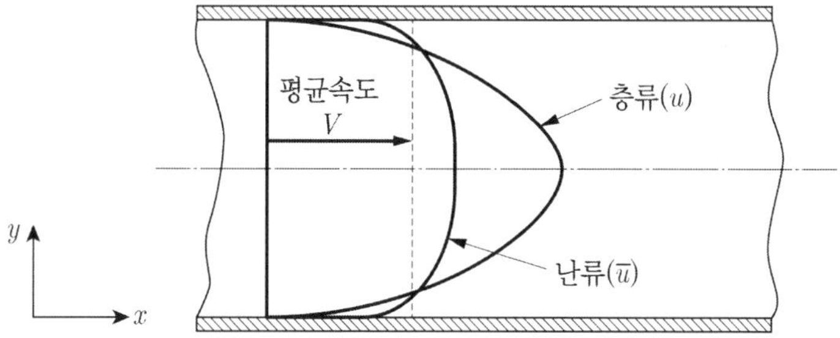

〈그림 4-6〉 관내 유동의 속도 분포

4.3 원관 내의 층류 흐름

4.3.1 흐름의 기초해석

원관 내의 흐름에서 평균속도를 u로 표시할 때, 레이놀즈수 $Re = ud/\nu < 2320$의 범위에서는 유체의 점성효과가 크므로 층류유동이 된다. <그림 4-7>에서 반경 r_o의 단면적이 일정한 수평 원관 내를 비압축성, 점성유체가 정상류, 층류로 왼쪽에서 오른 쪽으로 흐를 때, 관축 x의 수직 단면상의 압력은 일정하며 유체는 관의 축 방향으로 흐르고 반경방향의 속도성분은 없다고 하자. <그림 4-7>에서 반경 r인 원주(단면적 πr^2)의 좌측면에 작용하는 압력을 p_1으로 하면, 이 압력에 의한 힘이 원주를 오른쪽 방향으로 누르지만, 원주의 왼쪽 면에 작용하는 압력 p_2에 의한 힘은 원주를 왼쪽 방향으로 누른다. 따라서 $p_1 > p_2$이기 때문에 이 원주부분에 p_1과 p_2의 압력차가 발생하고 오른 쪽으로 다음과 같은 힘이 작용한다.

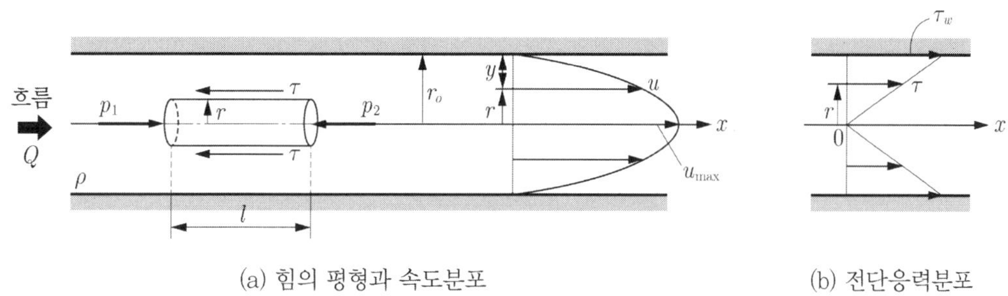

〈그림 4-7〉 원관 내 층류

$$(p_1 - p_2) \times \pi r^2 \quad \cdots\cdots (4-5)$$

또한 이 원주표면(표면적 $2\pi rl$)에 전단응력 τ에 의한 마찰력이 흐름에 대한 저항으로 왼쪽 방향에 작용하여 그 크기는 다음과 같이 된다.

$$\tau \times 2\pi rl \quad \cdots\cdots (4-6)$$

이 원주부분이 압력차에 의해서 흐름방향으로 작용하는 힘과 주위로부터 받는 마찰에 의한 저항이 평형을 이루면서 흐르고 있기 때문에 식 (4-5)와 식 (4-6)이 같다고 하면, 다음 식이 얻어진다.

$$\tau \times 2\pi rl = (p_1 - p_2) \times \pi r^2$$

$$\therefore \ \tau = \frac{(p_1 - p_2) \times \pi r^2}{2\pi rl} = \frac{(p_1 - p_2) \times r}{2l} \quad \cdots\cdots (4-7)$$

마찬가지로 반경 r_o의 원주에 대해서도 압력차에 의한 힘과 관 벽에 작용하는 전단응력 τ_w에 의한 마찰력과 평형을 이루므로 다음식이 얻어진다.

$$\tau \times 2\pi r_o l = (p_1 - p_2) \times \pi r_o^2$$

$$\therefore \ \tau = \frac{(p_1 - p_2) \times r_o}{2l} \quad \cdots\cdots (4-8)$$

식 (4-7)과 식 (4-8)로부터 전단응력 τ는 다음 식으로 주어진다.

$$\tau = \frac{\tau_w r}{r_o} \quad \cdots\cdots (4-9)$$

그림 (b)에 나타낸 바와 같이 τ는 r에 비례하여, 관 중심에서는 0, 관 벽에서 최대로 된다.

4.3.2 속도분포

전단응력 τ의 식은 뉴턴의 점성법칙으로부터 다음과 같이 된다.

$$\tau = \mu \frac{du}{dy} = \mu \frac{du}{dr} \frac{dr}{dy} = \mu \frac{du}{dr} \frac{d(r_o - r)}{dy} \quad \cdots\cdots (4-10)$$

$$= -\mu \frac{du}{dr}$$

식 (4-10)을 식 (4-7)에 대입하면 다음과 같이 된다.

$$-\mu\frac{du}{dr} = \frac{(p_1 - p_2) \times r}{2l}$$

$$\frac{du}{dr} = -\left(\frac{p_1 - p_2}{2\mu l}\right)r \quad \cdots\cdots (4-11)$$

식 (7−7)을 부정적분하면 다음과 같이 된다.

$$du = -\left(\frac{p_1 - p_2}{2\mu l}\right)r\,dr$$

$$u = \int du + C = -\left(\frac{p_1 - p_2}{2\mu l}\right)\int r\,dr + C$$

$$u = -\left(\frac{p_1 - p_2}{2\mu l}\right)\frac{r^2}{2} + C \quad \cdots\cdots (4-12)$$

여기서 C는 적분상수이다. 관벽에서 유속은 0이기 때문에 경계조건 $r = r_o$에서 $u = 0$을 위 식에 적용하여 정리하면 다음과 같은 속도분포의 식이 얻어진다.

$$u = \frac{p_1 - p_2}{4\mu l}(r_o^2 - r^2) \quad \cdots\cdots (4-13)$$

식 (4−13)에서 속도의 최대치는 $r = 0$일 때임을 알 수 있다. 즉, 최대유속 u_{max}는

$$u_{max} = r_o^2\frac{p_1 - p_2}{4\mu l} \quad \cdots\cdots (4-14)$$

속도분포를 최대속도와의 비로 나타내면, 다음과 같이 된다.

$$\frac{u}{u_{max}} = 1 - \left(\frac{r}{r_o}\right)^2 \quad \cdots\cdots (4-15)$$

식 (4−15)는 속도분포가 포물선 형상임을 나타낸다.

4.3.3 유량

다음에 원관 내를 흐르는 유체의 유량을 구하도록 한다.

$$dQ = 2\pi r\,dr \times u$$

$$dQ = 2\pi r\,dr \times \frac{p_1 - p_2}{4\mu l}(r_o^2 - r^2) \quad \cdots\cdots (4-16)$$

$$= \pi\frac{p_1 - p_2}{2\mu l}(r_o^2 - r^2)r\,dr$$

따라서 원관 중심부터 관벽까지 적분하면 다음과 같이 된다.

$$Q = \pi \frac{p_1 - p_2}{2\mu l} \int_o^{r_0} ({r_o}^2 - r^2) r dr \quad \cdots\cdots (4-17)$$

$$= \frac{\pi r_o^4 (p_1 - p_2)}{8\mu l}$$

충분히 발달한 층류흐름에서 관의 길이 l인 상류측 압력 p_1과 하류측 압력 p_2를 측정하면, 식 (4−17)로부터 관을 흐르는 유체의 유량을 구할 수 있다. 또한 유량은 압력차에 비례하여 증대함을 알 수 있다.

4.3.4 압력손실과 평균유속

상류측과 하류측의 압력차를 압력손실이라고 하지만, 관의 길이 l 사이에 발생하는 압력손실 $\Delta p (= p_1 - p_2)$를 관의 내경 $d (= 2r_0)$와 $Q = (\pi d^2/4) u_{max}$를 이용하여 식 (4−17)로부터 구하면 다음과 같다.

$$\Delta p = p_1 - p_2 = \frac{8\mu l Q}{\pi r_o^4} = \frac{128 \mu l Q}{\pi d^4} \quad \cdots\cdots (4-18)$$

$$= \frac{32 \mu l u_{max}}{d^2}$$

여기서 평균유속 u_{max}는 식 (4−17)로 주어지는 유량 Q를 단면적 πr_o^2로 나누면 다음과 같이 된다.

$$u_m = \frac{Q}{\pi {r_o}^2} = - \frac{{r_o}^2 (p_1 - p_2)}{8\mu l} \quad \cdots\cdots (4-19)$$

$$= \frac{1}{2} u_{max}$$

윗 식으로부터 층류의 평균유속은 최대유속의 $\frac{1}{2}$임을 알 수 있다.

예제 4.2

내경 10 mm, **길이** 10 m**의 수평한 원관 내에 유량** 1 L/min**을 보내려고 한다. 이 때 원관의 양 끝단에 압력차를 얼마로 하여야 하는가**? (단, 물의 점성 계수는 1×10^{-3} Pa·s이다)

풀이 $Q = 1\ \mathrm{L/min} = 1\ \dfrac{\mathrm{L}}{\mathrm{min}}\ \dfrac{\mathrm{m}^3}{1{,}000\mathrm{L}}\ \dfrac{\mathrm{min}}{60\,\mathrm{s}} = \dfrac{1}{1{,}000\times60}\ \dfrac{\mathrm{m}^3}{\mathrm{s}}$

$$v = \frac{Q}{A} = \frac{1/(1{,}000\times60)}{(\pi/4)\times0.01^2} = 0.2122\ \mathrm{m/s}$$

$$Re = \frac{\rho v d}{\mu} = \frac{1{,}000\times0.2122\times0.01}{1\times10^{-3}} = 2{,}122$$

따라서 층류이다.

$$\Delta p = \frac{128\mu l Q}{\pi d^4} = \frac{128\times1\times10^{-3}\times10\times1/(1{,}000\times60)}{\pi\times0.01^4} = 679.06\ \mathrm{Pa}$$

예제 4.3

관경이 20 mm**인 원관 내에** 20℃**의 층류상태의 물이 흐르고 있다. 압력구배가** 1 m**당** 4 Pa**일 때, 평균유속과 레이놀즈수를 구하여라**. (단, 물의 점성 계수는 1.005×10^{-3} Pa·s, 밀도는 998 kg/m^{3}이다)

풀이 1) $\dfrac{\Delta p}{l} = \dfrac{4\ \mathrm{Pa}}{1\ \mathrm{m}}$

$$\therefore\ \Delta p = \frac{128\mu l Q}{\pi d^4} = \frac{32\mu l v}{d^2}$$

$$\therefore\ v = \frac{\Delta p d^2}{32\mu l} = \frac{4\times0.02^2}{32\times1.005\times10^{-3}\times1} = 0.04975\ \mathrm{m/s}$$

2) 동점성 계수 $\nu = \dfrac{\mu}{\rho} = \dfrac{1.005\times10^{-3}}{998} = 1.007\times10^{-6}\ \mathrm{m^2/s}$

$$Re = \frac{vd}{\nu} = \frac{0.04975\times0.02}{1.007\times10^{-6}} = 988.08$$

예제 4.4

직경 30 cm**인 원관 내에 유량** 5 m^3/min**의 기름을** 10 km**까지 수송하려고 한다. 필요한 동력을 구하시오.** (단, 기름의 비중은 0.92, 점성 계수는 9.8 poise이다)

풀이 $v = \dfrac{Q}{A} = \dfrac{5/60}{(\pi/4)\times 0.3^2} = 1.179\ \mathrm{m/s}$

$Re = \dfrac{\rho v d}{\mu} = \dfrac{920\times 1.179\times 0.3}{0.98} = 332.04 < 2{,}320$

∴ 층류이다. 따라서

$\Delta p = \dfrac{128\mu l Q}{\pi d^4} = \dfrac{128\times 0.98\times 10{,}000\times 5/60}{\pi\times 0.3^4} = 4{,}107{,}900.4\ \mathrm{Pa} = 4.108\times 10^6\ \mathrm{Pa}$

∴ $P = Q\,\Delta p = (5/60)\times 4.108\times 10^6 = 342{,}333\ \mathrm{W} = 342.333\ \mathrm{kW}$

Chapter 05

실제 유체의 흐름

Chapter 05 실제 유체의 흐름

비점성, 비압축성인 이상유체와는 달리 점성과 압축성 효과를 갖는 실제 유체에서는 흐름의 조건이 매우 복잡하다. 이상유체인 경우에는 관로 형상, 관로 길이 및 벽면의 거칠기 정도에 관계없이 에너지 손실은 생기지 않는다. 그러나 수도관과 같은 관내를 흐르는 실제 유체에서는 압축성은 무시한다고 할지라도 점성 효과에 의한 마찰손실이나 관로의 기하학적 형상 변화(단면적 변화나 흐름의 방향변화 등)에 따른 저항손실과 같은 에너지 손실이 발생하며, 그 영향을 무시할 수 없으며, 흐름의 형태와 관로 형상에 따른 여러 가지 경우에 대한 에너지 손실을 예측하여 설계에 반영하는 것은 매우 중요하다. 따라서 이 장에서는 흐름의 구조와 에너지 손실에 대해 생각해 본다.

5.1 실제 관로 내 흐름에서의 관마찰 손실

베르누이 정리는 점성이 없는 이상 유체에 적용되는 에너지 보존을 나타낸 것이다. 그러나 모든 실제 유체는 점성을 갖고 있다. 따라서, 유체가 관내를 흐를 때, 관 벽에 가까운 부분은 마찰에 의해 유속이 작아지며, 관의 중심부로 감에 따라 유속은 크게 된다. 이와 같은 속도의 차이 때문에 관과 유체 혹은 유체 사이에서 전단력이 발생한다. 이것을 유체 마찰이라고 하며, 관 벽과 유체간의 마찰을 외부 마찰, 유체 분자간의 마찰을 내부 마찰이라고 한다. 유체는 이와 같은 마찰로 인해 에너지를 잃어버리게 되며, 특히 관로가 긴 경우에는 마찰로 인한 에너지 손실을 무시할 수 없다.

5.1.1 관 마찰손실

일반적으로 유체가 운동하고 있을 때, 유체마찰에 의해 유체는 자신이 갖고 있던 에너지를 잃어버리게 된다는 것을 앞 장에서 설명하였다.

유체가 원관 내를 흐를 때, 실제유체는 점성을 갖고 있기 때문에 벽면 근방에서 점성의 영향이 강하게 나타난다. 이와 같은 점성유체는 벽면에 부착하려고 하는 성질이 있으며, 이 때문에 벽 부근에서는 유속이 느려지게 된다. 유체 내에는 전단변형이 일어나 전단응력이 나타난다. 벽은 이 전단응력에 의해 흐름을 붙들려고 하는 마찰력인 점성력을 흐름에 대해서 미친다. 그 때문에 흐름을 유지하기 위해서는 유체 내에 이 마찰력만큼의 흐름방향의 압력구배(에너지손실)가 필요하게 된다. 이와 같은 이유로부터 점성에 의한 유체마찰에 의한 마찰손실인 에너지 손실이 생기게 된다. 에너지 손실은 압력강하(압력손실)라고 하는 형태로 나타난다.

즉, 이와 같은 손실에너지를 마찰손실(摩擦損失)이라고 부르지만, 압력강하를 Δp의 형태로 표시하고 이 Δp를 압력손실이라고 한다. 또한 압력을 유체의 비중량으로 나눈 수두의 감소$\left(\dfrac{\Delta p}{\rho g}\right)$를 h_f[mAq]로 나타내고, 손실헤드 또는 수두손실(水頭損失)이라고 한다.

(1) 원관

<그림 5-1>에 나타낸 내경 d[m], 길이 l[m]인 관에 밀도 ρ[kg/m^3]인 유체가 평균유속 v[m/s]로 흐르는 경우, 유체마찰에 의해 손실되는 압력강하를 Δp, 또는 수두로 환산하여 h_f로 한다.

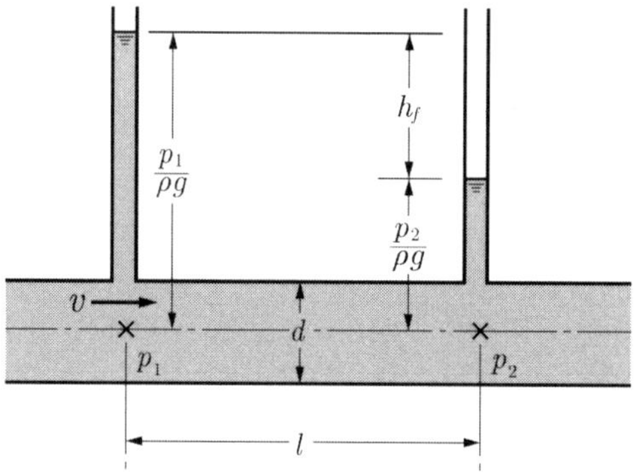

〈그림 5-1〉 관마찰 손실

이것을 계산하는 데는 달시-와이스바하(Darcy-Weisbach)의 식이 이용된다.

$$\Delta p = p_1 - p_2 = \lambda \frac{l}{d} \frac{\rho v^2}{2} \qquad (5-1)$$

또는

$$h_f = \frac{\Delta p}{\rho g} = \lambda \frac{l}{d} \frac{v^2}{2g} \qquad (5-2)$$

여기서, λ는 관 마찰계수(friction coefficient of circular pipe)라고 부르는 비례정수로서, 일반적으로 레이놀즈수 Re와 관 벽의 상대조도(ε/d)에 관계되며, 실험이나 이론해석으로 구해지고 있다.

예제 5.1

내경 25 mm**인 매끈한 관을 통하여 물을** 2 m/s**의 속도로 보내려고 한다. 이때, 관 마찰계수가** $\lambda = 0.03$**이고, 관의 길이가** 50 m**인 경우, 압력강하는 몇** Pa**인가?**

풀이 $h_f = \lambda \cdot \dfrac{l}{d} \cdot \dfrac{v^2}{2g} = 0.03 \times \dfrac{50}{0.025} \times \dfrac{2^2}{2 \times 9.8} = 12.24\,\text{m}$

$\Delta p = \rho g h_f = 1{,}000 \times 9.8 \times 12.24 = 119{,}952\ \dfrac{\text{N}}{\text{m}^2} = 119{,}952\,\text{Pa}$

(2) 원관이 아닌 경우

직경 대신에 등가직경(또는 수력직경) $d_e = 4R_h$ 을 적용하면 비원관의 흐름에서 발생하는 마찰 손실수두는

$$h_f = \frac{\Delta p}{\rho g} = \lambda \frac{l}{d_e} \frac{v^2}{2g} \qquad \cdots\cdots (5-3)$$

이 된다. 그리고 상당 직경(equivalent diameter) 또는 수력직경(hydraulic diameter) d_e의 값은, 2변의 길이가 a, b인 사각형 관의 경우는 $d_e = 4R_h = 4\dfrac{A}{S} = 4\dfrac{ab}{2(a+b)} = \dfrac{2ab}{a+b}$가 된다.

예제 5.2

가로 및 세로가 각각 50 mm, 30 mm**인 사각형 단면을 갖는 관내를 평균속도** 2 m/s**로 물이 흐르고 있다. 관의 길이가** 10 m**일 때, 마찰손실수두는 얼마인가?** (단, 관 마찰계수는 $\lambda = 0.03$이다)

풀이 등가직경 : $d_e = 4R_h = 4\dfrac{A}{S} = 4\dfrac{ab}{2(a+b)} = \dfrac{2ab}{a+b} = \dfrac{2 \times 0.05 \times 0.03}{0.05 + 0.03} = 0.0375\,\text{m}$

마찰손실수두 : $h_f = \lambda \dfrac{l}{d_e} \dfrac{v^2}{2g} = 0.03 \times \dfrac{10}{0.0375} \times \dfrac{2^2}{2 \times 9.8} = 1.6326\,\text{m}$

5.1.2 관내 층류 유동의 관 마찰계수

(1) 원관 내의 층류

원관 내의 평균 유속 v가 작아서 레이놀즈수가 낮은 경우는, 관성력에 비하여 점성력이 큰 유동상태로서 층류($Re < 2{,}320$)이다.

원관의 직경을 d라고 할 때, 압력 강하량 Δp는 이미 4장에서 나타낸 식 (4−18)로서

$$\Delta p = \frac{128\mu l Q}{\pi d^4} \quad \cdots\cdots (4-18)$$

이며, 이 식을 Hagen−Poiseuille의 식이라고 한다. 이 식을 이용하면 압력강하 Δp로부터 유체의 점성 계수 μ를 구할 수 있는데, d의 오차가 큰 영향을 미치므로 주의해야 한다.

식 (4−18)로부터 마찰 손실수두 h_f는

$$h_f = \frac{\Delta p}{\rho g} = \frac{64\nu}{vd} \cdot \frac{l}{d} \cdot \frac{v^2}{2g} = \frac{64}{Re}\frac{l}{d}\frac{v^2}{2g} \quad \cdots\cdots (5-4)$$

를 얻을 수 있다. 식 (5−2)와 비교하면 관 마찰계수 λ는

$$\lambda = \frac{64\nu}{dv} = \frac{64}{Re} \quad \cdots\cdots (5-5)$$

에 의하여 구할 수 있다. 이 λ는 층류 범위에서 실험결과와 잘 일치하며 벽면의 거칠기와는 무관하다.

예제 5.3

직경 30 mm**인 원관 내를** 3 L/min**의 물이 흐르고 있을 때, 관 길이** 40 m**를 흐른 경우의 손실 수두를 구하시오.** (물의 동점성계수는 $1.308\times10^{-6}\ \mathrm{m^2/s}$이다)

풀이 $Q = 3\ \mathrm{L/min} = 3\frac{L}{\mathrm{min}}\frac{\mathrm{m^3}}{1{,}000\mathrm{L}}\frac{\mathrm{min}}{60\,\mathrm{s}} = \frac{3}{1{,}000\times60}\frac{\mathrm{m^3}}{\mathrm{s}}$

$$v = \frac{Q}{A} = \frac{3/(1{,}000\times60)}{(\pi/4)\times0.03^2} = 0.0707\,\mathrm{m/s}$$

$$Re = \frac{vd}{\nu} = \frac{0.0707\times0.03}{1.308\times10^{-6}} = 1{,}621.56 < 2{,}320$$

∴ 층류이다. 따라서 관 마찰계수 λ는

$$\lambda = \frac{64}{Re} = \frac{64}{1{,}621.56} = 0.03947$$

$$\therefore\ h_f = \lambda\frac{l}{d}\frac{v^2}{2g} = 0.03947\times\frac{40}{0.03}\times\frac{0.0707^2}{2\times9.8} = 0.0134\,\mathrm{m}$$

(2) 원관이 아닌 사각형 관내의 층류

원관이 아닌 관로의 경우에는 마찰 손실수두를 나타내는 Darcy−Weisbach의 식 (5−1)에서 직경 대신에 등가직경 $d_e = 4R_h = 4A/S$로 대치시킨 식 (5−3)을 사용하면 된다. 이 경우에 레이놀즈수의 대표길이도 등가직경 d_e로서 사용한 다음 식으로 계산한다.

$$Re = \frac{v\,d_e}{\nu} \qquad \cdots\cdots (5-6)$$

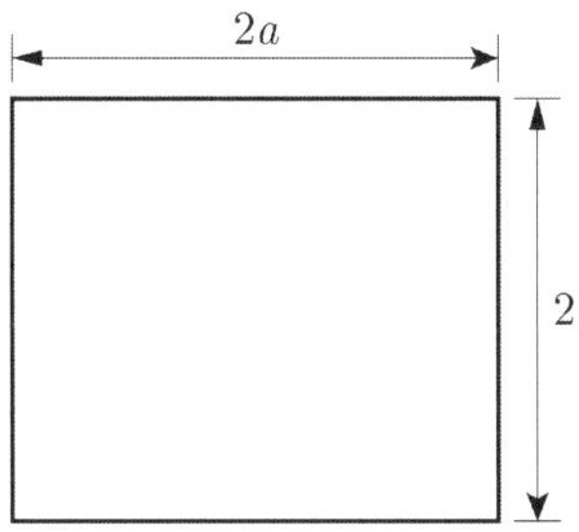

〈그림 5−2〉 사각형 관

<그림 5−2>와 같은 가로×세로$= 2a \times 2b$인 사각형 관로의 층류에서는 레이놀즈수를

$$Re = \frac{Q}{\nu(a+b)} \qquad \cdots\cdots (5-7)$$

로 표시할 때 b/a값에 따른 원관 층류의 $\lambda = 64/Re$에 대한 비율을 <표 5−1>에 표시하였다. 이 표에서 $b/a \to 0$인 경우는 간격이 아주 좁은 평행평판 사이의 층류에 해당하며, 관 마찰계수는 다음과 같다.

$$\lambda = \frac{96}{Re} \qquad \cdots\cdots (5-8)$$

또한 $b/a = 1.0$인 경우는 정사각형 단면의 경우로서 다음 값을 갖는다.

$$\lambda = \frac{57}{Re} \qquad \cdots\cdots (5-9)$$

〈표 5−1〉 사각형 관의 관 마찰계수

b/a	0	0.1	0.2	0.3	0.4	0.5	0.6	0.7	0.8	0.9	1.0
$\lambda/(64/Re)$	1.500	1.323	1.192	1.094	1.023	0.972	0.936	0.913	0.898	0.891	0.889

5.1.3 관내 난류 유동의 관 마찰계수

난류의 경우에는 층류와 같이 이론적으로 구할 수 없기 때문에 실험적으로 연구되어 왔다. 관 마찰계수 λ는 관 내면벽의 거칠기에 따라 변하며, 관벽이 매끄러운 경우의 λ는 Re만의 함수로 된다.

매끄러운 원관에서 난류상태에 있어서의 관 마찰계수에 대해서는 Blasius의 공식으로서 다음과 같은 식이 있다.

$$\lambda = 0.3164/Re^{0.25}\,(3\times 10^3 < Re < 10^5) \quad \cdots\cdots (5-10)$$

내벽면이 거친 원관에 대해서는 Nikuradse의 실험식이 유명하다. 그의 연구결과에 의하면, 레이놀즈수(Re)가 아주 큰 경우에는 관 마찰계수는 레이놀즈수에 관계없이 일정하며, 상대조도(ε/d)만의 함수로 됨을 알았다. 따라서 ε/d이 클수록 큰 값이 된다.

$10^5 < Re < 10^8$인 범위에서는 칼만-니쿠라제(Karman-Nikuradse)의 공식인 다음과 같은 식이 있다.

$$\lambda = \frac{1}{\left(1.74 - 2\log_{10}\dfrac{2\varepsilon}{d}\right)^2} \quad \cdots\cdots (5-11)$$

무디(Moody)는 칼만-니쿠라제의 식을 근거로 하여 관 마찰계수를 정하는 무디 선도를 작성하였다. 무디 선도를 <그림 5-3>에 나타내었다. 또한 실용관의 조도(ε)를 <표 5-2>에 나타내었다.

〈표 5-2〉 관내 표면의 조도(ε)

관의 종류	ε[mm]	관의 종류	ε[mm]
콘크리트관	0.3~3.0	주철관(신관)	0.3
아연 인철관	0.15	동 관	0.05

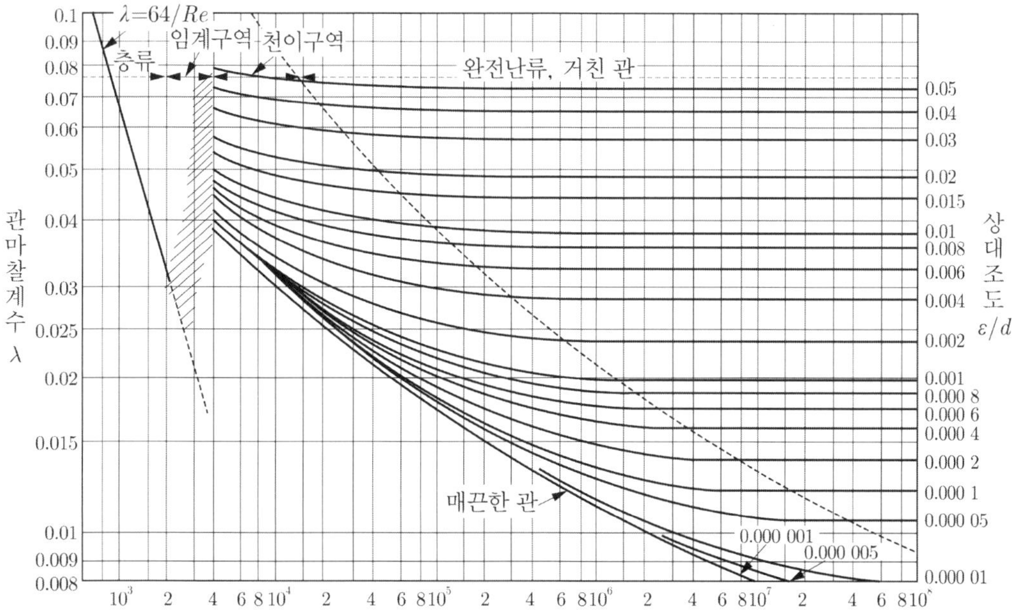

〈그림 5-3〉 무디 선도

예제 5.4

내경이 25 mm**인 원관 내의 흐름에서** $Re = 5\times10^4$**일 때, 관 마찰에 의한 단위길이당 압력손실을 구하시오**. (단, 물의 밀도는 1,000 kg/m^3, 동점성 계수는 $\nu = 1.007\times10^{-6}$ m^2/s이다)

풀이 관 마찰계수는 $Re = 5\times10^4$이므로 Blasius의 공식을 사용하여 구하면

$$\lambda = 0.3164 / Re^{0.25} = 0.3164/(5\times10^4)^{0.25} = 0.021$$

로 된다. 또한 유속은 다음과 같이 된다.

$$v = Re\frac{\nu}{d} = 5\times10^4\times\frac{1.007\times10^{-6}}{0.025} = 2.014\ \text{m/s}$$

그리고 $\Delta p = \rho g h_l = \lambda\frac{l}{d}\frac{v^2}{2g}$이므로 단위길이당 압력손실은 다음과 같이 된다.

$$\therefore\ \frac{\Delta p}{l} = \lambda\frac{1}{d}\frac{\rho v^2}{2} = 0.021\times\frac{1}{0.025}\times\frac{1{,}000\times2.014^2}{2} = 1{,}703.6\ \text{Pa/m}$$

예제 5.5

내경이 250 mm, **길이가** 100 m**인 주철관을 통하여 동점성 계수가** $\nu = 0.48 \times 10^{-4}\ \mathrm{m^2/s}$**인 기름을** $0.1\ \mathrm{m^3/s}$**로 수송할 때의 압력수두손실을 구하시오.**

풀이 $v = \dfrac{4Q}{\pi d^2} = \dfrac{4 \times 0.1}{\pi \times 0.25^2} = 2.04\ \mathrm{m/s}$

$$Re = \frac{vd}{\nu} = \frac{2.04 \times 0.25}{0.48 \times 10^{-4}} = 1.06 \times 10^4$$

<표 5-1>에서 주철관의 조도는 $\varepsilon = 0.3\ \mathrm{mm}$이므로 상대조도($\varepsilon/d$)는 0.0012이다.
이 값과 Re에 대한 λ값은 무디 선도로부터 $\lambda = 0.03$을 얻는다.
따라서 수두손실은 다음과 같다.

$$h_f = \lambda \frac{l}{d}\frac{v^2}{2g} = 0.03 \times \frac{100}{0.25} \times \frac{2.04^2}{2 \times 9.8} = 2.55\ \mathrm{m}$$

5.1.4 수력구배선과 에너지선

앞에서도 설명한 바와 같이 우리가 취급하는 관로 내의 흐름은 거의 난류운동(turbulent motion)을 하고 있으며, 흐름의 도중에 단면적의 변화, 유량의 변화 등을 생각할 수 있으나, 가장 기본적인 흐름은 관로의 직경이 균일하고 곧은 관로를 동일한 유량의 유체가 흐르는 경우이다.

관로에 의하여 유체를 수송하는데 있어서는 관 벽의 마찰저항을 반드시 이겨내야 하므로 많은 에너지가 소비된다. 이 에너지는 결국 열로 변하여 압력이나 운동에너지로 회수할 수 없으므로 마찰손실이라고 한다고 하였다.

관로의 흐름에서 생기는 마찰손실의 양을 결정하는 일은 매우 중요하다.

예를 들어 지하 물탱크에서 옥상의 물탱크로 펌프를 이용하여 물을 공급할 때, 필요한 양수관로의 직경, 펌프를 운전하는 데 필요한 동력, 또는 급수관로의 직경 등을 결정할 때, 먼저 이 마찰손실을 계산하여야 된다. 따라서 관로에서의 마찰손실을 계산하기 위한 적당한 식을 구하는 일은 실제 유체역학에서 가장 중요한 목적이라고 할 수 있다.

곧은 관이라고 하더라도 관로의 입구, 출구에서 마찰손실 이외의 손실수두가 일어나고, 또한 실제로는 관로 도중에 직경이 변화하고 곡관이나 밸브가 있기 때문에 국부저항에 의한 손실 h_l이 발생한다. 이들 일체의 손실수두(전 손실수두)를 $H_f(= h_f + \sum h_l)$로 표시하면, 베르누이의 식은 다음과 같다.

$$\frac{P}{\rho g}+z+\frac{v^2}{2g}+H_f=H \quad \cdots\cdots (5-12)$$

긴 관로에서는 관 벽에서의 마찰손실수두 h_f가 다른 원인에 의한 손실수두와 비교하였을 때, 현저하게 크므로, 이 h_f만을 고려하고 다른 원인에 의한 손실은 무시하여 계산하는 것이 보통이다. 그러나, 관로 문제에서 마찰손실 h_f 외에 국부저항에 의한 손실 h_l도 계산하여야 한다.

<그림 5-4>에 표시하는 바와 같이 내경 d가 일정한 수평관로를 생각하면, 위치수두 z는 일정하고, 또한 단면적 $\frac{\pi d^2}{4}$가 일정하므로 평균속도 v도 일정하다.

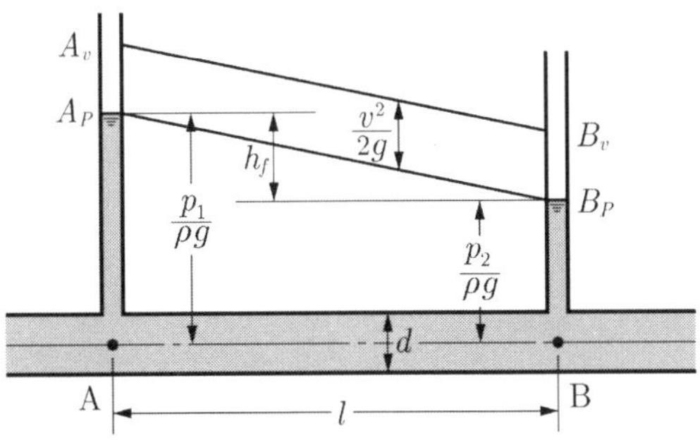

〈그림 5-4〉 수력구배선과 에너지 구배선

따라서, 내경이 일정하고 직선 관로이므로 수정 베르누이의 식인 식 (5-12)에서 H_f는 h_f만을 생각하면 되므로, 식 (5-13)과 같이 된다.

$$\frac{P}{\rho g}+h_f=H=\text{일정} \quad \cdots\cdots (5-13)$$

여기서, h_f는 마찰손실수두이며, 이것은

$$h_f=\lambda\frac{l}{d}\frac{v^2}{2g} \quad \cdots\cdots (5-14)$$

임을 이미 앞에서 설명하였다. 즉, 손실수두 h_f는 흐름의 거리 l에 정비례하여 증가한다. 그러므로 <그림 5-4>에서 단면 A와 B에 유리관을 세우면, 그 안의 수면은 단면의 압력 p_1 및 p_2에 상당하는 높이 $\frac{p_1}{\rho g}$ 및 $\frac{p_2}{\rho g}$만큼 상승하여, 높이 차 $h_f=\frac{p_1}{\rho g}-\frac{p_2}{\rho g}$가 손실수두를 나타낸다(이것은 관로 내의 유체가 물인 경우이며, 만약 공기, 수증기 등과 같은 기체에 대하여는 두 유리관의 상단을 U자관에 연결하여 수은 등과 같은 액체의 수두차로 표시한다). 따라서, 관 벽에 의한 마찰손실 이외의 손실(국부손실)을 무시하였을 때, 유리관 내의 수면(각 점에서 압력수두 $\frac{p}{\rho g}$와 위치수두 z를 더한 점)을 연결한 선, 즉 압력을 표시하는 선은 직선 A_pB_p로 된다. 이 직선 A_pB_p를 수력구배선(hydraulic grade line) 또는 동수구배선(動水句配線)이라고 한다.

이 직선 위에 속도수두 $\frac{v^2}{2g}$을 더한 점을 연결한 선, 직선 A_vB_v는 유체의 전에너지를 나타내는 에너지 선(energy line)이다. 즉, 손실수두가 증가한 만큼 에너지가 감소되는 것을 나타내고 있다. 이들 구배선은 복잡한 관로의 문제해결에 편리하다.

다음에 식 (5-14)에 $v = \frac{Q}{(\pi/4)\cdot d^2}$를 대입하면

$$h_f = \lambda \frac{lQ^2}{(\pi/4)^2 \cdot 2g} \cdot \frac{1}{d^5} \quad \cdots\cdots (5-15)$$

로 된다.

일반적으로 h_f[m]는 같은 관로에 있어서도 유속 v값에 따라 변화하지만, 지금 λ가 일정하고, 또 l과 Q도 일정하다고 하면,

$$h_f \propto \frac{1}{d^5} \quad \cdots\cdots (5-16)$$

로 되어, 마찰에 의한 손실수두가 대략 관로 직경의 5승에 반비례하는 것을 나타낸다. 그러므로 관의 직경을 조금만 가늘게 하여도 저항이 상당히 커짐을 알 수 있다. 이와 같은 사실로부터 관로의 경제적 치수를 결정할 때, 고려되어야 할 중요한 조건중의 하나가 관의 직경이다.

배관의 마찰손실에 관한 이제까지의 내용을 다음과 같이 정리할 수 있다.

① 배관의 마찰손실은 관의 길이 및 유체의 밀도에 비례한다.
② 배관의 마찰손실은 유속의 2승에 비례한다.
③ 배관의 마찰손실은 관 내경의 5승에 반비례한다.
④ 배관의 마찰손실은 관 내벽의 상태에 관계한다(凹凸이 있을수록 증대).
⑤ 배관의 마찰손실은 유체의 점성에 관계한다(점성이 높을수록 증대).

5.2 관내의 부차적(국부) 손실

앞 절에서 관로의 단면적이나 유체의 흐름 방향이 일정한 경우에 대한 관 마찰손실에 대하여 설명하였지만, 실제 관로의 구성은 단면적의 변화, 밸브 그리고 방향변환을 위한 엘보 등과 같은 관 이음쇠를 포함하는 경우도 많기 때문에 유체 흐름이 이들에 의한 영향을 받아서 이러한 부분에서도 국부손실이 발생한다.

먼저 단일 관로에서는

① 단면적이 변화하는 관내 흐름

내경이 다른 관의 접속부에서 생기는 흐름, 용기와 관의 접속부, 밸브 등과 같은 관의 부속품이나 접속부에서 손실이 발생한다.

② 방향이 변화하는 관내 흐름

곡관이나 엘보 및 T자관과 같은 관 이음쇠에서 손실이 발생한다.

관로계에서는

③ 합류 혹은 분기의 흐름

2개 이상의 관이 한 곳에서 접속하여 합류하거나 분기하여 흐를 때 손실이 발생한다.

④ 배관계 흐름

병렬관, 다지관, 관로망 등의 복잡한 배관계에서는 위의 ①~③항이 조합되어 손실을 합산해야 한다.

이와 같이 유체가 관로 내를 흐르고 있을 때는 마찰손실 이외에 관의 단면적이나 형상 또는 흐름방향이 변하거나 관로 내에 장애물이 있으면, 이로 인해 발생하는 유체의 충돌이나 와류(渦流, 소용돌이)에 의해 에너지가 소비된다. 이 손실수두 h_l[mAq]을 국부손실 또는 부차적 손실(minor loss)이라고 하며, 관내의 유속을 v[m/s]라고 하면, 다음과 같이 나타낼 수 있다.

$$h_l = \zeta \cdot \frac{v^2}{2g} \qquad \cdots\cdots (5-17)$$

여기서, 여기서 속도 v는 일반적으로 각 요소에서 단면 평균속도의 가장 큰 값을 이용한다. 그리고 ζ를 국부손실계수 또는 부차적 손실계수라고 한다. 국부손실계수는 실험으로부터 구하는 것이지만, 몇 가지 대표적인 경우에 대해 다음에 나타내었다.

5.2.1 급확대관의 손실

직경이 작은 관으로부터 큰 관으로 단면적이 급 확대하는 경우를 급확대관이라고 한다. 급확대부에서는 흐름이 확대관으로 분류(噴流)와 같이 유출하고 주위 유체에 와동이 발생하여 관벽으로부터 박리하게 된다. 이 와류에 의해 에너지 손실이 크게 발생하지만, 어느 정도 하류로 가면 이 와는 흩어지게 되어 관내의 흐름은 일정한 난류상태로 된다.

또한 일반적으로 유로가 하류로 감에 따라 넓어지는 경우에는 연속의 원리로부터 유속이 감소하고, 그에 따라 베르누이식으로 부터 압력이 증가하는 경향이 있다. 이것은 유체가 저압부로부터 고압부를 향해 흘러야 함을 의미한다. 그런데 큰 관으로 유입한 흐름이 관 입구로부터 관 전체로 채워지기까지의 거리는, 큰 관 직경의 약 8배 정도라고 알려져 있다. 이 사이에 상당한 손실이 생긴다.

<그림 5−5>와 같이 단면적이 A_1으로부터 A_2로 급격히 확대되는 경우에 운동량의 원리를 적용하면 다음과 같다.

$$\sum F_x = p_1 A_1 + p_o(A_2 - A_1) - p_2 A_2 = \rho Q(v_2 - v_1) \quad \cdots\cdots (5-18)$$
$$= \rho(A_2 {v_2}^2 - A_1 {v_1}^2)$$

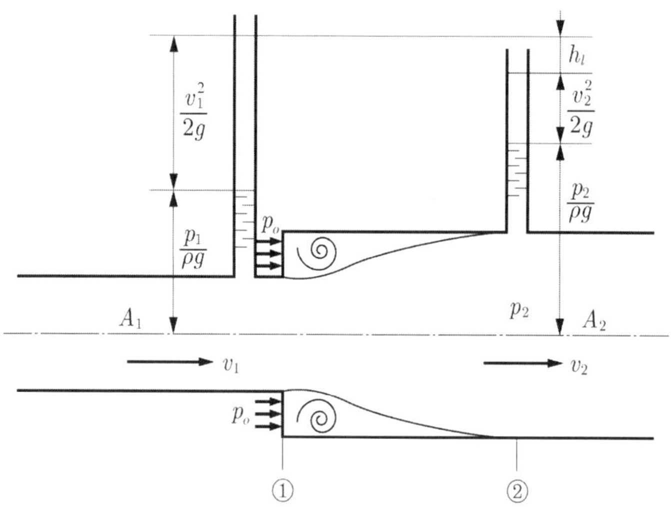

〈그림 5-5〉 급확대관

$Q = A_1 v_1 = A_2 v_2$이므로, 위 식은

$$A_2(p_1 - p_2) = \rho A_2({v_2}^2 - v_1 v_2) \quad \cdots\cdots (5-19)$$

양변을 $\rho g A_2$로 나누면 다음 식으로 된다.

$$\frac{p_1 - p_2}{\rho g} = \frac{{v_2}^2 - v_1 v_2}{g} \quad \cdots\cdots (5-20)$$

①, ② 단면 사이에 베르누이 정리를 적용하면

$$\frac{p_1}{\rho g} + \frac{{v_1}^2}{2g} = \frac{p_2}{\rho g} + \frac{{v_2}^2}{2g} + h_l$$

$$\therefore \ \frac{p_1 - p_2}{\rho g} = \frac{{v_2}^2 - {v_1}^2}{2g} + h_l \quad \cdots\cdots (5-21)$$

식 (5−20)과 식 (5−21)을 같다고 식으로 놓고, 또한 $v_1 = \frac{A_2}{A_1} v_2$이므로, 손실수두 h_l에 대하여 정리하면, 다음과 같이 되며, 이것을 돌연확대 손실수두라고 한다.

$$h_l = \frac{{v_1}^2}{2g} - \frac{2v_1 v_2}{2g} + \frac{{v_2}^2}{2g} = \frac{(v_1 - v_2)^2}{2g} = \left(1 - \frac{A_1}{A_2}\right)^2 \frac{{v_1}^2}{2g} = \zeta \frac{{v_1}^2}{2g} \quad \cdots\cdots (5-22)$$

단, 여기서 돌연확대 손실계수 ζ는

$$\zeta = \left(1 - \frac{A_1}{A_2}\right)^2 \quad \cdots\cdots (5-23)$$

으로 표시할 수 있다.

또한 관로가 큰 용기에 접속되는 즉, 하류측이 물탱크와 같이 무한대($A_2 = \infty$)인 큰 공간으로 방출할 때는 $A_1/A_2 \fallingdotseq 0$이 되며, $A_1/A_2 \ll 1$이므로, $\zeta = 1$이 되어 다음과 같이 된다.

$$h_l \fallingdotseq \frac{{v_1}^2}{2g} \quad \cdots\cdots (5-24)$$

따라서 큰 용기로 유입하는 경우에는 유입 속도수두는 피할 수 없는 손실로서, 유입에 따라 용기 내의 유체는 교란되어 열을 발생한다. 이와 같이 물탱크 등에 유체가 배출될 때에

는 유체가 갖고 있는 속도수두를 전부 잃어버려 손실로 되는 것을 폐기 손실이라고도 하며, $\zeta = 1$로 된다.

예제 5.6

단면이 급격하게 확대되고, 직경비가 $d_1/d_2 = 0.5$일 때, 국부손실계수 ζ는 얼마인가? 또한 내경 d_1인 곳에서의 유속이 $1.5\ \mathrm{m/s}$일 때 국부손실수두는 얼마인가?

풀이 $\zeta = \left\{1 - \left(\dfrac{A_1}{A_2}\right)\right\}^2 = \left\{1 - \left(\dfrac{d_1}{d_2}\right)^2\right\}^2 = (1 - 0.5^2)^2 = 0.5625$

$$h_l = \zeta \frac{v^2}{2g} = 0.5625 \times \frac{1.5^2}{2 \times 9.8} \fallingdotseq 0.065\,\mathrm{m}$$

참고 운동량의 법칙

뉴턴의 운동 제2법칙에 기초한 운동량 방정식을 이용하여, 유체의 흐름이 어떤 물체에 작용하는 힘을 계산할 수 있다. 이 방정식은 유체의 압축성 및 점성에 관계없이 적용되며, 펌프 등의 회전 유체기계와 분사 추진체의 운동에 관련된 동력이나 힘을 계산하는 데 사용한다.

뉴턴의 운동 제2법칙에 의하면, (힘)=(질량)×(가속도), 즉, 질량이 m[kg]인 물체에 작용하는 힘 F[N]은 그 물체의 질량 m[kg]과 가속도 a[m/s²]와의 곱으로, 다음 식과 같이 된다.

$$F = ma = m\frac{dv}{dt} = \frac{d}{dt}(mv) \quad \cdots\cdots (1)$$

따라서, 식 (1)은 다음과 같이 나타낼 수 있다.

$$F(t_2 - t_1) = mv_2 - mv_1 \quad \cdots\cdots (2)$$

$$\frac{m(v_2 - v_1)}{t_2 - t_1} = F \quad \cdots\cdots (3)$$

여기서, mv는 운동량([kg·m/s]=[N·s])이 되며, 크기와 방향을 가진 벡터이다. 따라서, 위의 식에서 운동 제2법칙을 다음과 같이 설명할 수 있다.

"단위 시간 동안 발생되는 운동량의 변화는 생각하고 있는 영역(검사영역; control region)에서의 유체에 외부로부터 작용한 힘과 같으며, 그 변화는 작용한 힘의 방향으로 일어난다." 이 법칙을 운동량의 법칙(momentum theorem)이라고 한다.

이것을 유체에 적용한다.

$\frac{m}{t_2 - t_1}$ 대신에 $t_2 - t_1$을 단위시간으로 하여 ρQ(질량유량[kg])를 이용하면, 식 (1)은 다음과 같이 된다.

$$\therefore\ F = \rho Q(v_2 - v_1) \quad \cdots\cdots (4)$$

유체에 외부로부터 작용한 힘에는 체적력(중력에 의한 힘)과 면적력[압력에 의한 힘, 유체가 물체로부터 받는 힘, 점성에 의한 힘(점성력)]이 있다. 식 (4)는 유체에 적용한 운동량의 법칙이라고 한다.

운동량의 법칙은 오리피스나 노즐에서 분출되는 분류(jet)에 적용할 수 있다. 분류가 고체 표면에 충돌할 때, 분류는 고체 표면을 따라 흘러 가버린다. 이 경우 분류의 속도는 크기는 변화하지 않지만, 방향이 바뀌어, 운동량이 변화하고 그 결과 충격력이 고체 표면에 작용하게 된다.

이 때 일반적으로 유체의 운동량의 변화에 의해 발생하는 힘으로는 충격력과 반동력이 있다. 충격력은 분류가 고체 표면에 충돌하여 그 방향이 바뀔 때, 고체 표면이 분류로부터 받는 힘(반력)을 말한다. 반동력은 유체가 노즐 등에 의하여 가속될 때, 노즐이 분류로부터 받는 힘(반력)을 말한다. 따라서, 유동하고 있는 유체에 대한 운동량의 변화는 그 유체(분류)에 작용한 힘과 크기가 같고, 방향이 반대인 반력을 물체에 주게 된다. 분류가 물체에 주는 힘(반력)은 식 (4)와 같이 된다.

5.2.2 급 축소관의 손실

직경이 큰 관으로부터 작은 관으로 단면적의 변화가 급격하게 축소하는 경우를 급 축소라고 한다. <그림 5-6>과 같이 관로가 급 축소하는 경우, 작은 관의 입구에서 흐름은 벽으로부터 떨어져 수축하게 되고, 그로부터 작은 관 단면 전체에 확대·충만하여 흐른다. 이 때문에 작은 관 입구로부터 수축부 단면 ⓒ 사이에는 수축 손실이 생기고 압력이 저하하며, 흐름이 다시 확대·충만하는 ⓒ~② 사이에는 압력이 점차 회복된다. 이 ⓒ~② 사이의 흐름은 급 확대관의 흐름과 성질이 같아져 손실이 크다.

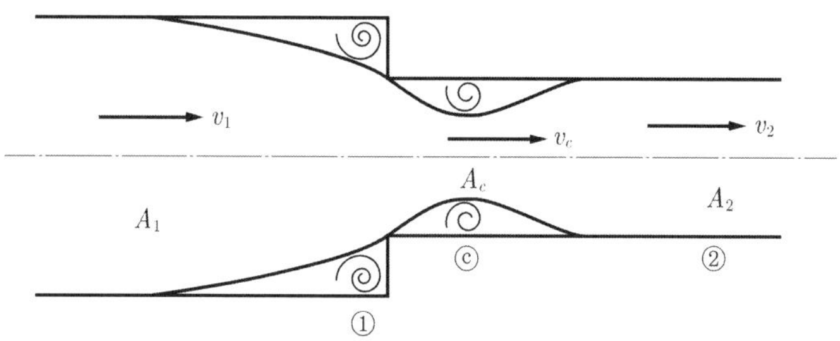

〈그림 5-6〉 급축소관

일반적으로 압력이 저하하는 수축부분에서의 손실은 무시할 수 있을 정도로 작고, 압력이 증가하는 부분에서 에너지 손실의 대부분이 발생한다. 따라서 ①~② 단면 사이의 급축소관의 손실은 결국 ⓒ~② 단면 사이의 급 확대 손실로 계산 할 수 있다.

수축계수(coefficient of contraction) C_c는 다음과 같이 정의한다.

$$C_c = \frac{A_c}{A_2} \quad \cdots\cdots (5-25)$$

A_c를 축류 단면적이라고 한다.

연속의 식 $Q = A_2 v_2 = A_c v_c = C_c A_2 v_c$이므로 수축부의 유속 v_c는 다음과 같다.

$$v_c = \frac{v_2}{C_c} \quad \cdots\cdots (5-27)$$

돌연 확대관의 경우에 대한 식 (5-22)를 적용하면 급 축소관의 손실수두 h_l은 다음과 같이 된다.

$$h_l = \frac{(v_c - v_2)^2}{2g} = \left(\frac{1}{C_c} - 1\right)^2 \frac{{v_2}^2}{2g} = \zeta \frac{{v_2}^2}{2g} \quad \cdots\cdots (5-28)$$

손실계수 ζ는 수축계수 C_c와 함수관계에 있다. 즉,

$$\zeta = \left(\frac{1}{C_c} - 1\right)^2 \quad \cdots\cdots (5-29)$$

수축계수 C_c에 대해서는 다음과 같은 Merriman의 공식이 이용되고 있다.

$$C_c = 0.582 + \frac{0.0418}{1.1 - (d_2/d_1)} \quad \cdots\cdots (5-30)$$

관의 단면적비 A_2/A_1에 대한 수축계수 C_c와 손실계수 ζ를 <표 5−3>에 수록하였다.

〈표 5−3〉 급축소관의 수축계수 및 손실계수

A_2/A_1	0	0.1	0.2	0.3	0.4	0.5	0.6	0.7	0.8	0.9	1.0
C_c	0.617	0.624	0.632	0.643	0.659	0.681	0.712	0.755	0.813	0.892	1.00
ζ	0.50	0.46	0.41	0.36	0.30	0.24	0.18	0.12	0.06	0.02	0

예제 5.7

직경 70 mm의 관이 50 mm의 관에 직접 연결되어 있다. 이 때 관내에 5 L/s의 물이 흐를 때, 급축소관의 손실을 구하시오.

풀이

$$\frac{d_2}{d_1} = \frac{0.05}{0.07} = 0.714$$

$$\frac{A_2}{A_1} = \left(\frac{d_2}{d_1}\right)^2 = \left(\frac{0.05}{0.07}\right)^2 = 0.51$$

$$C_c = 0.582 + \frac{0.0418}{1.1 - 0.714} = 0.69$$

$$\therefore \zeta = \left(\frac{1}{C_c} - 1\right)^2 = \left(\frac{1}{0.69} - 1\right)^2 = 0.2$$

$$v_2 = \frac{Q}{A_2} = \frac{5 \times 10^{-3}}{(\pi/4) \times 0.05^2} = 2.55\ \mathrm{m/s}$$

$$h_l = \zeta \frac{v_2^2}{2g} = 0.2 \times \frac{2.55^2}{2 \times 9.8} = 0.066\,\mathrm{m}$$

5.2.3 디퓨저의 손실

<그림 5-7>과 같이 완만하게 확대하는 관을 디퓨저(diffuser)라고 한다. 속도 헤드를 압력 헤드로 변환하는 경우에 이용한다. 즉, 관의 확대가 완만하고, 만일 손실이 없다고 하면, 연속의 식과 베르누이식으로 부터 흐름방향으로 압력이 상승하고, 유속은 감소하게 된다.

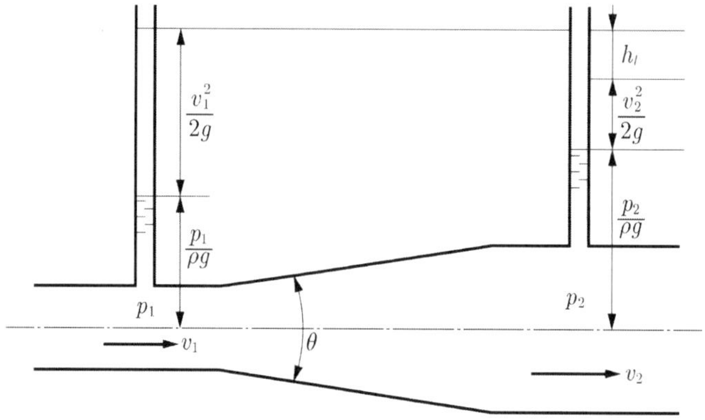

〈그림 5-7〉 디퓨저

관의 확대각 θ가 비교적 작은 경우에는 유체가 관벽을 따라 흐르지만, 각이 큰 경우에는 흐름이 벽으로부터 떨어져 분류(噴流)가 되어 벽과 분류와의 사이에 와류가 발생한다. 이로 인하여 손실이 발생하게 되는데 급 확대에 의한 손실보다는 작다.

디퓨저 부분의 손실수두도 급 확대의 경우와 같은 형태로 다음 식과 같이 표시한다.

$$h_l = \xi \frac{(v_1 - v_2)^2}{2g} = \xi \left(1 - \frac{A_1}{A_2}\right)^2 \frac{{v_1}^2}{2g} = \zeta \frac{{v_1}^2}{2g} \quad \cdots\cdots (6-33)$$

$$\zeta = \xi \left(1 - \frac{A_1}{A_2}\right)^2$$

여기서 ξ는 보정계수로서, 단면적이 완만하게 변하는 경우, 급 확대관의 손실계수에 이 보정계수 ξ를 곱하여 사용한다.

5.2.4 관 오리피스의 손실

관로 도중에 설치한 오리피스, 즉 관 오리피스에서의 손실은 돌연 축소관의 손실과 거의 같은 방법으로 적용할 수 있다.

<그림 3-22>에서 오리피스 구멍의 면적을 A_o라 하고, $m = A_o/A_1$를 오리피스의 개구비(開口比)라 할 때, 손실수두는 다음과 같다.

$$h_l = \zeta \frac{{v_1}^2}{2g} \qquad (5-31)$$

여기서 원형 오리피스에 대한 손실계수 ζ에 대해 다음의 실험식이 있다.

$$\zeta = \left(\frac{1}{m} - 1\right)\left(\frac{2.75}{m} - 1.56\right) \qquad (5-32)$$

5.2.5 점차 축소관의 손실

축소각이 작은 관로의 흐름에서는 서서히 축소하는 축소흐름(converging flow)이 된다. 흐름의 속도분포는 일정하게 흐르고 단면변화로 인한 내부마찰은 거의 없다. 마찰손실은 관 내벽에서의 손실이 주를 이루므로 와류 등의 손실은 무시할 수 있다.

단면이 서서히 변화하는 것으로 소방용의 원추형 노즐을 들 수 있다. 이 경우, 손실은 $\zeta = 0.03 \sim 0.05$로서 극히 작은 것이 특징이다. 또, 축소흐름은 속도분포를 일정하게 하는 실험풍동 등으로 이용되고 있다. 이것은 축 대칭 2차원 흐름이 되는 수축노즐이다.

5.2.6 관로의 입구손실 및 출구손실

(1) 입구손실

물탱크 또는 큰 용기에 관로를 설치하여 유체가 관로에 유입할 때는 흐름이 돌연 축소하므로 관 입구에서 손실이 생긴다. 그 손실의 크기는 관로 입구의 형상에 따라 다르다.

<그림 5-8>에 관로의 각 입구형상에 대하여 손실계수를 표시하였다. 입구형상이 약간 달라져도 손실계수가 크게 달라지게 되므로 입구형상에 대해서는 충분히 주의를 해야 한다. 그림의 (c)의 경우와 같이 매끄러운 라운딩의 입구 형상이 손실계수가 가장 적다.

손실수두는 입구 관내의 유속을 v라고 할 때, 다음 식으로 표시한다.

$$h_l = \zeta \frac{v^2}{2g} \qquad (5-33)$$

여기서 ζ는 입구 손실계수, v는 관 단면의 평균속도이다.

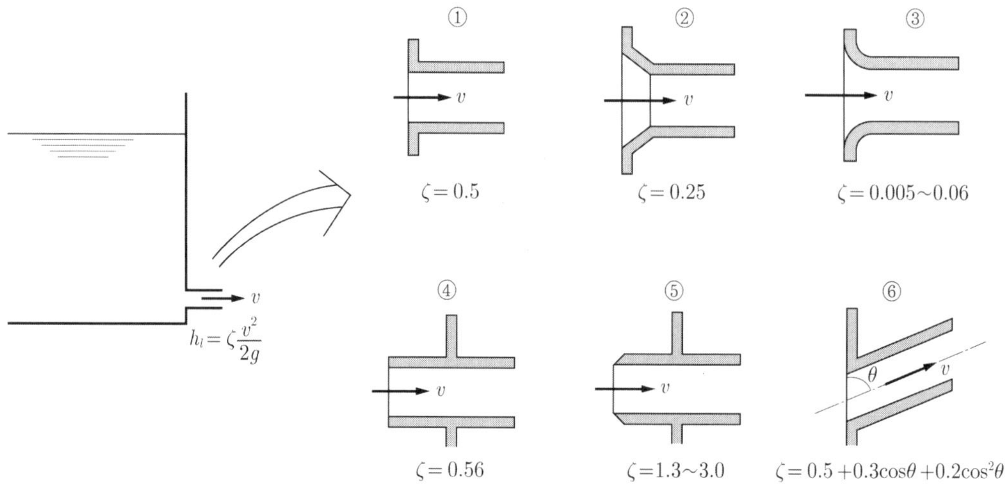

〈그림 5-8〉 관로 입구 형상과 손실계수

(2) 출구손실

관로로부터 큰 물탱크로 유체를 토출하는 경우에도 손실이 생긴다. 이것을 출구손실이라고 하며, **5.2.1**절의 관로가 급 확대하는 경우를 기초로 하여 $A_2 \to \infty$를 취하여 얻은 식 (5-24)를 얻을 수 있었으며, 관로 내의 유체가 갖는 동압이 그대로 손실이 된다. 즉, 관로를 나온 유체가 와동을 일으켜 유체의 운동에너지가 점차 확산되어 점성에 의하여 소실되는 것을 의미한다.

출구 손실수두는 식 (5-24)와 같다.

5.2.7 방향 변환에 의한 관로의 손실

(1) 곡관

관로의 내경이나 폭에 대한 곡률반경이 크고 완만하게 휘어져 있는 관을 곡관(bent pipe) 또는 밴드(bend)라고 한다. 관로 내에는 곡관이 포함되어 있는 경우가 많다.

휘어진 관로에서는 유체에 원심력이 작용하여 곡관의 외측에서 압력이 높아진다. 이로 인하여 휨 부분에 다가오는 흐름은 점차 압력이 상승하게 되어 입구에서는 흐름이 벽으로부터 떨어지는 박리현상이 일어난다.

한편 휨 부분의 내측에서는 압력이 떨어진다. 휨이 끝나면 원심력이 없어지고 다시 압력이 높아져 결국 <그림 5-9>에서와 같이 휨 부분의 후류에서 박리가 생긴다.

또, 관 단면 내의 속도분포는 단면의 중앙에서 빠르고, 관 벽 가까이에서는 느리므로, 단면 중앙의 빠른 유체에 큰 원심력이 작용한다. 따라서 유체가 휨 부분의 외측으로 향하게 된다. 한편 외측의 유속이 느린 유체는 원심력의 영향이 작아 내측으로 밀려가게 된다. 이와 같이 관 축 방향에 수직한 단면에서 순환하는 흐름이 생기며, 이것을 2차 흐름(secondary flow)이라고 하며, 이 2차 흐름에 의하여 곡관에서 손실이 발생한다.

곡관의 형상을 <그림 5−9>에 나타낸 바와 같이 곡률반경 R, 휨 부분의 각도 θ, 관의 직경 d, 유속을 v라고 할 때, 손실수두는

$$h_l = \zeta \frac{v^2}{2g} \quad \cdots\cdots (5-34)$$

이며, 손실계수 ζ는 다음의 식을 이용한다.

$$\zeta = 0.131 + 1.847\left(\frac{d}{2R}\right)^{3.5} \frac{\theta}{90}, \quad \left[0.5 < \frac{R}{(d/2)} < 2.5\right] \quad \cdots\cdots (5-35)$$

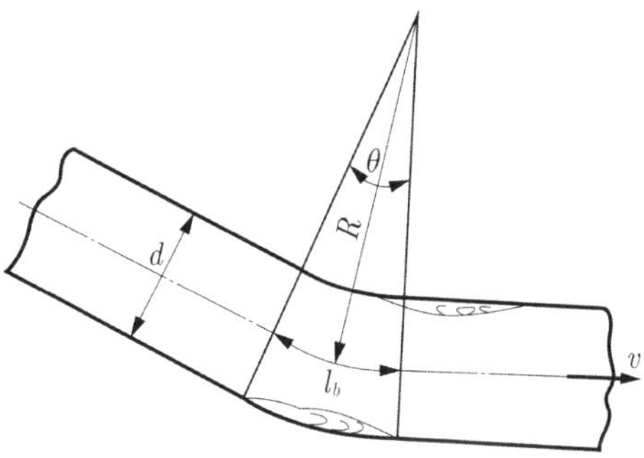

〈그림 5-9〉 곡관 내의 흐름

(2) 엘보

<그림 5−10>과 같이 2개의 관을 용접 등으로 각도를 만들어 접합하여 굴절각을 갖는

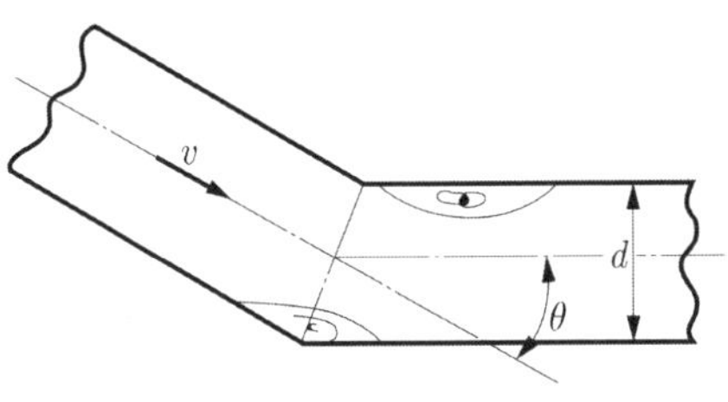

〈그림 5-10〉 엘보

관을 엘보(elbow)라고 한다. 엘보의 굴절각 부근에 와류가 발생하여 손실이 생기며, 곡관에 비하여 손실이 크다. 손실수두를

$$h_l = \zeta\frac{v^2}{2g} \quad \cdots\cdots (5-36)$$

로 표시할 때, 손실계수 ζ는 다음 식으로 표시된다.

$$\zeta = 0.946\sin^2\left(\frac{\theta}{2}\right) + 2.05\sin^4\left(\frac{\theta}{2}\right) \quad \cdots\cdots (5-37)$$

90° 엘보의 경우, 손실계수 ζ는 거의 1이다.

5.2.8 밸브류의 손실

관로의 도중에 유량을 조절할 목적으로 밸브[슬루스 밸브(sluice valve), 글로브 밸브(globe valve), 버터플라이 밸브(butterfly valve) 등]나 콕을 설치한다. 이 때 밸브나 콕의 열림을 조절하면 흐름에 축류현상이나 돌연확대에 의한 손실이 발생한다. 이들의 구조는 일반적으로 복잡하여 계통적으로 손실계수를 구하기 어렵다.

손실수두는 다음과 같이 표시될 때, 손실계수 ζ의 값은 밸브나 콕크의 종류에 따라, 또 열림률에 따라 달라진다.

$$h_l = \zeta\frac{v^2}{2g} \quad \cdots\cdots (5-38)$$

5.2.9 단일 관로계의 전 손실

<그림 5-11>과 같이 큰 물탱크로부터 단일 관로를 설치하여 탱크의 물을 유출시키는 경우, 탱크의 수면과 유출구의 수위 차는 H[m]이며, 관로 중에는 단면적의 변화 및 방향 변화 그리고 밸브가 있는 일반적인 관로계이다. 이 경우, 이 관로를 흐르는 유량을 구해 보자.

탱크의 수면 ①과 관 출구 ② 사이에 베르누이 식을 적용하면 수정 베르누이 방정식(modified Bernoulli's equation)은 다음과 같이 된다.

$$\left(\frac{p_1}{\rho g} + \frac{{v_1}^2}{2g} + z_1\right) = \left(\frac{p_2}{\rho g} + \frac{{v_2}^2}{2g} + z_2\right) + H_f \quad \cdots\cdots (5-39)$$

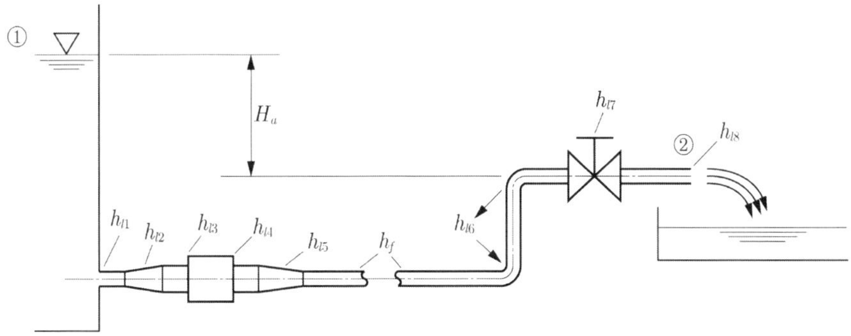

h_{l1} : 관입구 손실　　h_f : 직관의 마찰 손실
h_{l2} : 점차확대 손실　　h_{l6} : 90° 곡관의 손실
h_{l3} : 돌연확대 손실　　h_{l7} : 밸브 손실
h_{l4} : 돌연축소 손실　　h_{l8} : 관출구 손실
h_{l5} : 점차축소 손실

〈그림 5-11〉 단일 관로의 전 손실

여기서 $p_1 = p_2$=대기압, $v_1 = 0$으로 취하고 $z_1 - z_2 = H_a$ 그리고 v_2를 v로 표기하면

$$H_a = H_f + \frac{v^2}{2g} \quad \cdots\cdots (5-40)$$

이 되며, 위 식에서 $H_f(= h_f + \sum h_l)$는 관로의 전 손실수두이다.

관로를 통하여 유체를 유출시키는 경우, 관 마찰계수 λ와 그 이외의 부차적 손실을 고려하여 유체에 에너지를 공급하지 않으면 안 된다. 지금, 내경 d, 길이 l의 관을 물탱크에 설치하여 유속 v로 유출시킬 때 각종 에너지 손실계수를 ζ_1, ζ_2 ⋯ 라고 하면 관로의 전 손실수두 H_f는 다음과 같다.

$$\begin{aligned} H_f &= h_f + \sum h_l = h_f + h_{l1} + h_{l2} + \cdots \\ &= \left(\lambda \frac{l}{d} + \zeta_1 + \zeta_2 + \cdots + \zeta_n\right)\frac{v^2}{2g} = \left(\lambda\frac{l}{d} + \sum \zeta_i\right)\frac{v^2}{2g} \quad \cdots\cdots (5-41) \end{aligned}$$

따라서 식 (5-41)을 식 (5-40)에 대입하면, 다음과 같이 된다.

$$H_a = H_f + \frac{v^2}{2g} = (\lambda\frac{l}{d} + \sum\zeta_i)\frac{v^2}{2g} \quad \cdots\cdots (5-42)$$

만일 관로 도중에 단면적이 다른 관으로 접속되는 경우에는 마찰손실수두 $\lambda\frac{l}{d}\frac{v^2}{2g}$의 항은 $\sum\lambda_i\frac{l_i}{d_i}\frac{{v_i}^2}{2g}$으로 여러 개의 항이 된다.

따라서 관로를 흐르는 유량 Q는 다음과 같이 표시된다.

$$Q = \frac{\pi}{4}d^2 v = \frac{\pi}{4}d^2\sqrt{\frac{2gH_a}{\lambda\frac{l}{d}+\sum\zeta_i}} \quad \cdots\cdots (5-43)$$

식 (5−41)로부터 알 수 있듯이 관로의 유속이 크면 손실이 커지므로, 손실을 작게 하려면 관로의 직경을 크게 해야 한다. 일반 관로에서는 유속을 2.5 m/s 정도, 상수도의 관로에서는 장거리의 경우 1~1.5 m/s, 수력발전소의 수압철관에서는 2~5 m/s로 하고 있다.

만일 <그림 5−11>에서 밸브의 상류 쪽 관로에 펌프를 설치하여 H_P 만큼의 수두를 증가시킬 경우에는 식 (5−39)의 좌변에 H_P를 더하여 다음 식과 같이 하여야 한다.

$$\left(\frac{p_1}{\rho g}+\frac{{v_1}^2}{2g}+z_1\right)+H_P=\left(\frac{p_2}{\rho g}+\frac{{v_2}^2}{2g}+z_2\right)+H_f \quad \cdots\cdots (5-44)$$

식 (5−44)는 다음과 같이 된다.

$$H_P = -H_a + H_f \quad \cdots\cdots (5-45)$$

이 때 펌프의 동력 P[W]는 펌프의 효율을 η_P라고 할 때, 다음과 같이 된다.

$$P = \frac{\rho g Q H_P}{\eta_P} \quad \cdots\cdots (5-46)$$

여기서 ρ [m^3/kg]는 액체의 밀도, g [m/s^2]는 중력가속도, Q [m^3/s]는 펌프의 토출량, η_P는 펌프의 효율이다.

예제 5.8

직경 50 mm**이고, 직선 길이가** 50 m**인 수도관에 게이트 밸브** 2**개,** 90° **엘보** 3**개가 설치되어 있고, 물이** 1.5 m/s**로 흐를 때의 관로의 총 손실수두는 몇** m**인가**? (단, 게이트 밸브의 국부손실계수는 $\zeta = 0.19$, 엘보의 국부손실계수는 $\zeta = 0.9$, 그리고 관 마찰계수는 $\lambda = 0.03$이다)

풀이 $h_f = \lambda\cdot\frac{l}{d}\cdot\frac{v^2}{2g} = 0.03\times\frac{50}{0.05}\times\frac{1.5^2}{2\times 9.8} = 3.444$ m

$h_{l_1} = \zeta_1\frac{v^2}{2g} = 0.19\times\frac{1.5^2}{2\times 9.8} = 0.0218$m

$h_{l_2} = \zeta_2\frac{v^2}{2g} = 0.9\times\frac{1.5^2}{2\times 9.8} = 0.1033$ m

∴ 총손실수두 → $H_f = h_f + \sum h_l = 0.0218\times 2 + 0.1033\times 3 + 3.444 \fallingdotseq 3.796$ m

예제 5.9

<그림 5−12>와 같은 관속을 흐르는 유량(m^3/s)**과 손실 에너지를 구하여라.** (단, 관 마찰계수 λ는 0.03이며, 슬루스 밸브는 $\frac{1}{2}$로 개방되며, 이 때의 국부손실계수 ζ는 1.9이다. 엘보의 손실계수는 1이다. 그리고 물탱크 출구손실은 0.5, 관의 출구손실은 1이다. 이때 관의 직경은 100mm이다.)

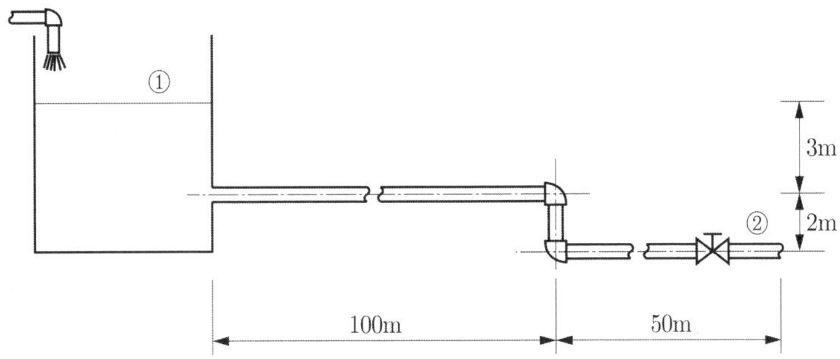

〈그림 5−12〉 예제 그림

풀이 관내의 여러 가지 손실은 다음과 같이 나타낼 수 있다.

1) 직선 관에서의 마찰 손실

$$h_f = \lambda \frac{l}{d}\frac{v^2}{2g} = 0.03 \times \frac{(100+2+50)}{0.1} \times \frac{v^2}{2g} = 45.6 \times \frac{v^2}{2g}$$

2) 물탱크 출구(관의 입구)에서의 손실

$$h_{l1} = \zeta_1 \frac{v^2}{2g} = 0.5 \times \frac{v^2}{2g}$$

3) 엘보에서의 손실

$$h_{l2} = h_{l3} = \zeta_2 \frac{v^2}{2g} = \frac{v^2}{2g}$$

4) 슬루스 밸브에서의 손실

$$h_{l4} = \zeta_4 \frac{v^2}{2g} = 1.9 \times \frac{v^2}{2g}$$

5) 관의 출구에서의 손실

$$h_{l5} = \zeta_5 \frac{v^2}{2g} = \frac{v^2}{2g}$$

이상과 같은 여러 가지 손실의 총합은 물탱크의 수면과 관의 출구와의 높이차와 같다. 즉, 다음과 같이 쓸 수 있다.

$$H = h_f + h_{l1} + h_{l2} + h_{l3} + h_{l4} + h_{l5} \text{ [m]}$$

$$5 = (45.6 + 0.5 + 1 + 1 + 1.9 + 1) \times \frac{v^2}{2g}$$

$$\therefore \ v = \sqrt{\frac{2 \times 9.8 \times 5}{51}} \fallingdotseq 1.386 \text{ m/s}$$

따라서 유량은 다음과 같이 된다.

$$Q = Av = \frac{\pi d^2}{4} v = \frac{\pi \times 0.1^2}{4} \times 1.386 \fallingdotseq 0.0109 \text{ m}^3/\text{s}$$

예제 5.10

<그림 5−13>**과 같은 양수 펌프계에서** 1,000 L/min**의 유량을 보내려고 할 때, 관로계의 총손실수두와 펌프의 동력을 구하시오.** (단, 관 마찰계수는 0.03 그리고 국부손실수두의 값은 관마찰손실수두의 40%로 한다. 또한 흡입관 및 토출관의 내경은 100 mm로 한다. 또한 펌프의 효율은 60%이다)

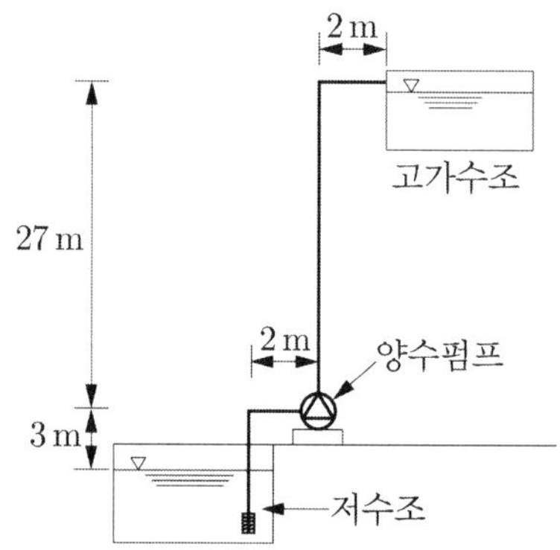

〈그림 5−13〉 예제 그림

풀이 1) 유량 : $Q = 1{,}000 \text{ L/min} = \frac{1}{60} \text{ m}^3/\text{s}$

흡입관 및 토출관의 평균유속 : $v_s = v_d = 4Q/(\pi d^2) = (4 \times 1)/(\pi \times 0.1^2 \times 60) = 2.12 \text{ m/s}$

흡입관의 총 손실수두 : $H_{fs} = 0.03 \times \frac{(3+2)}{0.1} \times \frac{2.12^2}{(2 \times 9.8)} \times (1 + 0.4) = 0.48 \text{ m}$

토출관의 총 손실수두 : $H_{fd} = 0.03 \times \frac{(27+2)}{0.1} \times \frac{2.12^2}{(2 \times 9.8)} \times (1 + 0.4) = 2.79 \text{ m}$

관로의 총 손실수두 : $H_f = H_{fs} + H_{fd} = 0.48 + 2.79 = 3.27\ \text{m}$

2) 그림에서 저수조 수면 ①과 고가수조의 배관 출구 ②에 대한 수정 베르누이 방정식은 다음과 같다.

$$\left(\frac{p_1}{\rho g} + \frac{{v_1}^2}{2g} + z_1\right) + H_P = \left(\frac{p_2}{\rho g} + \frac{{v_2}^2}{2g} + z_2\right) + H_f$$

$$H_P = \left(\frac{p_2 - p_1}{\rho g}\right) + \left(\frac{{v_2}^2 - v_1^2}{2g}\right) + (z_2 - z_1) + H_f$$

$$= (z_2 - z_1) + H_f$$

$$= 30 + 3.27 = 33.27\ \text{m}$$

펌프의 동력 :

$$P = \frac{\rho g Q H_P}{\eta_P} = \frac{1{,}000 \times 9.8 \times (1/60) \times 33.27}{0.6} = 9056.8\ \text{W} \fallingdotseq 9.06\ \text{kW}$$

5.3 상당관 길이

복잡한 관로계 설계시, 관 이음쇠나 밸브류의 손실을 하나 하나 계산하는 것은 번거롭고 또한 많은 시간을 필요로 한다. 따라서, 이와 같은 손실을 같은 내경의 직관에 의해 생기는 마찰손실수두에 상당하는 길이로 표시하면 편리하다. 이것을 상당관 길이(equivalent pipe length) l_e라고 하며, 식 (5-2)와 식 (5-17)에 의해 다음과 같이 표현할 수 있다.

$$\lambda\frac{l}{d}\frac{v^2}{2g}=\zeta\frac{v^2}{2g}$$

$$\therefore\ l_e=\frac{\zeta}{\lambda}d \quad \cdots\cdots (5-47)$$

<표 5-3>에 각종 관 이음쇠 및 밸브류의 상당관길이를 나타내었다. 직관에 각종 관 이음쇠 및 밸브류 등이 조합·설치된 경우, 배관계의 전마찰손실수두 H_f[mAq]는 직관부의 길이를 l[m], 관이음 및 밸브류의 상당관 길이의 합계를 l_e[m]라고 하면, 다음과 같이 표시된다.

$$H_f=h_f+\sum h_l=\lambda\frac{(l+l_e)}{d}\frac{v^2}{2g} \quad \cdots\cdots (5-48)$$

〈표 5-4〉 관 및 스테인리스 강관용 이음쇠류의 국부저항 상당관길이

호칭경		상당관 길이[m]							
[DN]	[Su]	90° 엘보	45° 엘보	90° T(분류)	90° T(직류)	슬루스 밸브*	글로브 밸브	앵글밸브 풋밸브 스윙형 첵밸브**	소켓
15	13	0.30	0.18	0.45	0.09	0.06	2.27	2.4	0.09
20	20	0.38	0.23	0.61	0.12	0.08	3.03	3.6	0.12
25	25	0.45	0.30	0.76	0.14	0.09	3.79	4.5	0.14
32	40	0.61	0.36	0.91	0.18	0.12	5.45	5.4	0.18
40	50	0.76	0.45	1.06	0.24	0.15	6.97	6.8	0.24
50	60	1.06	0.61	1.52	0.30	0.21	8.48	8.4	0.30
65	75	1.21	0.76	1.82	0.39	0.24	10.00	10.2	0.39
80	80	1.52	0.91	2.27	0.45	0.30	12.12	12.0	0.45
100	100	2.12	1.21	3.18	0.61	0.42	19.09	16.5	0.61
125	125	2.73	1.52	3.94	0.76	0.52	21.21	21.0	0.76
150	150	3.03	1.82	4.55	0.91	0.61	25.45	21.0	0.91
200	200							33.0	
250	250							43.0	

여기서 관의 길이를 l [m]라고 할 때, 단위길이당 마찰손실수두를 i[mAq/m 또는 Pa/m]라고 하면,

$$i = \frac{H_f}{l} \quad \cdots\cdots (5-49)$$

로 되며, 이것을 동수구배(動水勾配)라고도 한다.

예제 5.11

관의 내경이 50 mm이고, 직선 길이가 50 m인 유로에 슬루스 밸브 2개, 90°엘보 3개가 설치되어 있고, 물이 1.5 m/s로 흐를 때의 관로의 총 손실수두는 몇 m인가? (단, 관 마찰계수는 $\lambda = 0.03$, 그리고 슬루스 밸브와 90°엘보의 상당관 길이는 각각 0.21 m, 1.06 m이다)

풀이 슬루스 밸브와 90°엘보의 상당관 길이의 합은 다음과 같이 된다.

$$\ell_e = (0.21 \times 2) + (1.06 \times 3) = 3.6 \text{ m}$$

따라서 식 (5-48)로부터 총 마찰 손실수두는 다음과 같다.

$$h_f = \lambda \frac{(l + l_e)}{d} \frac{v^2}{2g} = 0.03 \times \frac{(50 + 3.6)}{0.05} \times \frac{1.5^2}{2 \times 9.8} \fallingdotseq 3.69 \text{ m}$$

예제 5.12

<그림 5-14>와 같이 A점에서 B점으로 송수하고, B점에서 분기하여 각각 C점 및 D점에서 토수하는 수도관로가 있다. 다음 조건하에서 ① AB간의 유속 [m/s], ② AB간의 단위길이당 마찰손실수두[mmAq/m], ③ BC와 BD간의 마찰손실을 같게 하기 위한 BD간의 유량 [L/min]을 구하시오.

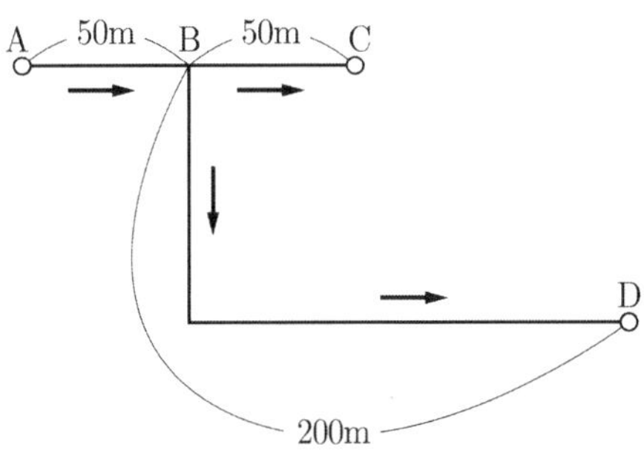

〈그림 5-14〉 예제 그림

조건
① 관이음, 밸브류 및 토출구에서의 국부손실은 무시한다. ② A점에서 B점으로의 송수량은 750 L/min으로 한다. ③ 수도관로의 내경은 100 mm로 한다. ④ 관마찰손실계수는 $\lambda = 0.02$로 한다. ⑤ 급수관로는 동일 수평면상에 설치한다.

풀이 1) $Q = Av$

$$Q = 750 \text{ L/min} = \frac{750 \times 10^{-3}}{60} \text{ m}^3/\text{s} = 0.0125 \text{ m}^3/\text{s}$$

$$d = 100 \text{ mm} = 0.1 \text{ m}$$

$$\therefore \ v_{AB} = \frac{4Q}{\pi d^2} = \frac{4 \times 0.0125}{\pi \times 0.1^2} \fallingdotseq 1.592 \text{ m/s} \fallingdotseq 1.6 \text{ m/s}$$

2) $h_{AB} = \lambda \dfrac{l}{d} \dfrac{v^2}{2g} = 0.02 \times \dfrac{50}{0.1} \times \dfrac{1.6^2}{2 \times 9.8} = 1.306 \text{ mAq}$

$$\frac{h_{AB}}{l} = \frac{h_{AB}}{50} \fallingdotseq 0.026 \text{ mAq/m}$$

3) ③ BC 및 BD간 마찰손실수두

$$h_{BC} = \lambda \frac{l_{BC}}{d} \frac{v_{BC}^2}{2g} = 0.02 \times \frac{50}{0.1} \times \frac{v_{BC}^2}{2 \times 9.8} \quad \cdots\cdots ①$$

$$h_{BD} = \lambda \frac{l_{BD}}{d} \frac{v_{BD}^2}{2g} = 0.02 \times \frac{200}{0.1} \times \frac{v_{BD}^2}{2 \times 9.8} \quad \cdots\cdots ②$$

$h_{BC} = h_{BD}$이므로

$$50 v_{BC}^2 = 200 v_{BD}^2$$

$$\therefore \ v_{BC} = 2 v_{BD} \quad \cdots\cdots ③$$

또한 $Q_{AB} = Q_{BC} + Q_{BD} = 750 \text{ L/min}$이고, 관경이 모두 동일하므로 단면적도 동일하다.

$$Q_{BC} = A \, V_{BC} = A(2v_{BD})$$

$$Q_{BD} = A \, v_{BD}$$

$$\therefore \ Q_{AB} = A \cdot (2v_{BD}) + A \cdot v_{BD} = 3A \, v_{BD} = 3Q_{BD}$$

$Q_{AB} = 750$이므로 $Q_{BD} = \dfrac{Q_{AB}}{3} = \dfrac{750}{3} = 250 \text{ L/min}$

또는 단면적을 계산하여 유량을 구할 수도 있다.

Chapter 06

개방회로, 밀폐회로 및 펌프

Chapter 06

개방회로, 밀폐회로 및 펌프

고층 건축물에서 수도꼭지에서 물을 사용하기 위해서는 물을 낮은 곳에서 높은 곳으로 보내어야 하며, 이 때 펌프가 사용된다. 또한 수도꼭지에서 온수를 사용하기 위해서도 순환 펌프를 사용하여 물을 순환시키고 있다. 관로는 각각 개방회로와 밀폐회로를 가지며, 이곳에 설치되는 펌프를 설계하기 위하여 배관계 내에 에너지 손실을 고려한 해석이 필요하다.

6.1 실제 관로에 베르누이 식의 적용

<그림 6-1>과 같이 흐름에 의한 저항이 존재하고, 또한 펌프에 의해 에너지가 가해지고 있는 실제의 급수·급탕관로에 베르누이 방정식을 적용해 보자.

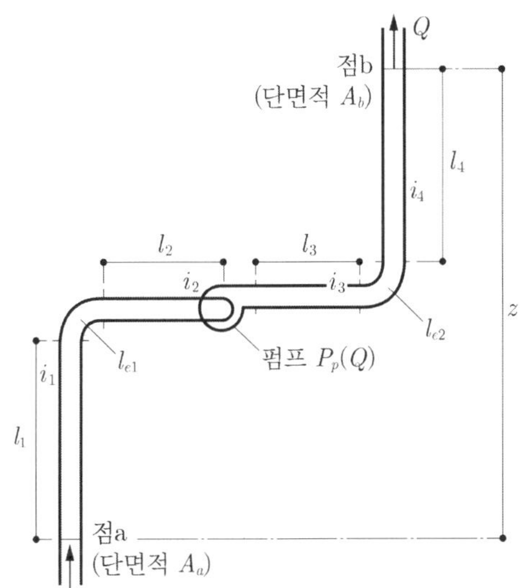

l_e : 상당관길이

i : 단위길이당 마찰손실압력

〈그림 6-1〉 실제 관로에 베르누이식의 적용

<그림 6－1>에서 a점을 높이의 기준면(위치수두 $z=0$인 점)으로 취하고, 밀도 ρ[kg/m^3]가 일정, 체적유량을 Q[m^3/s], a, b점의 관 단면적을 A_a 및 A_b[m^2], 중력가속도를 g[m/s^2]라고 하면, a 및 b점에 대해 베르누이 식을 적용하면 다음과 같이 된다.

$$\frac{p_a}{\rho}+\frac{1}{2}v_a^2+gz_a=\frac{p_b}{\rho}+\frac{1}{2}v_b^2+gz_b \text{ [J/kg]} \qquad (6-1)$$

양변을 밀도 ρ[kg/m^3]로 나누고 그리고 $Q=Av$, $z=z_b-z_a$이므로

$$\frac{1}{2}\rho\left(\frac{Q}{A_a}\right)^2+p_a=\frac{1}{2}\rho\left(\frac{Q}{A_b}\right)^2+\rho gz+p_b \text{ [Pa]} \qquad (6-2)$$

그림에서 a점에서 b점까지 물이 흐를 때, 마찰저항 및 국부저항에 의해 압력손실이 발생한다. 이 압력손실 Δp[Pa]는 직관의 길이를 $l_1 \sim l_4$[m], 또한 단위길이당 마찰손실압력을 각각 $i_1 \sim i_4$[Pa/m], 곡관부의 상당관길이를 $l_{e1} \sim l_{e2}$[m], 마찰저항 및 국부저항에 의한 총손실압력을 Δp [Pa]라고 하면,

$$\Delta p=i_1(l_1+l_{e1})+i_2l_2+i_3(l_3+l_{e2})+i_4l_4 \text{ [Pa]} \qquad (6-3)$$

로 된다. 또한, a점부터 b점 사이에 펌프가 있어서 펌프에 의해 압력 $P_p(Q)$[Pa]가 가해진다고 하자. 그러면 베르누이의 식 (6－2)는 손실과 펌프압력을 고려하면, 다음과 같이 된다.

$$\frac{1}{2}\rho\left(\frac{Q}{A_a}\right)^2+p_a+P_p(Q)=\frac{1}{2}\rho\left(\frac{Q}{A_b}\right)^2+\rho gz+p_b+\Delta p \text{ [Pa]} \qquad (6-4)$$

이 식을 수정 베르누이식이라고 한다.

식 (6－4)에서는 펌프에 의해 가해지는 압력을 $P_p(Q)$로 나타내었는데, 이것은 유량의 함수가 된다. 실제로 펌프에 의해 가해지는 압력(펌프의 경우, 일반적으로 양정이라고 함)과 그 양정에서 펌프가 흐르게 할 수 있는 유량 간에는 펌프마다 결정해야 할 관계가 있으며, 이들 관계를 나타낸 것이 펌프의 특성곡선이다(<그림 6－4>).

6.2 개방회로와 밀폐회로

다음에 <그림 6-2>의 (a)와 같이 물을 펌프로 퍼 올리는 경우(개방회로)와 <그림 6-2>의 (b)와 같이 물을 순환시키는 경우(밀폐회로 : 급탕배관에서 환탕관이 설치되어 있는 경우)에 대해 펌프에 필요한 양정을 구해보고, 펌프에 요구되는 양정의 차이를 생각해 보도록 한다.

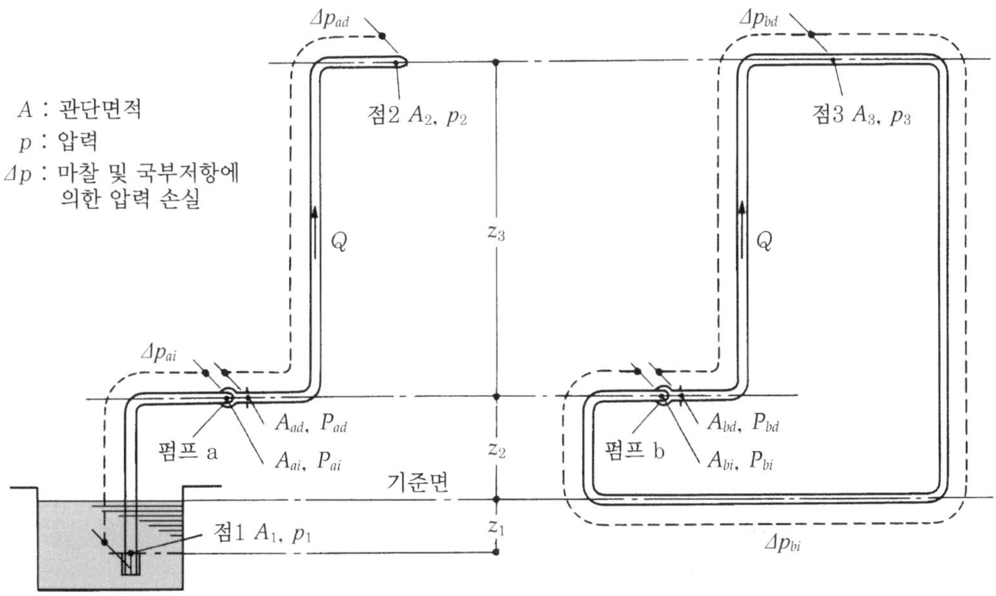

(a) 개방회로 (b) 밀폐회로

〈그림 6-2〉 개방회로와 밀폐회로의 펌프

<그림 6-2(a)>의 개방회로인 경우, 펌프입구 및 출구에서의 압력을 각각 P_{ai}, P_{ad}[Pa]라고 해 보자. 다음에 관의 흡입구(점 1) 및 토출구(점 2)에서의 국부손실계수를 ζ_1, ζ_2로 하여, 흡입구 및 토출구에서의 압력평형을 <그림 6-3>에서 생각해 본다. 저수조 내에서의 유속은 일반적으로 무시할 수 있고(점 1에서의 유속에 비해 상당히 작다) 깊이 z_1에 상당하는 압력과 흡입구에서의 동압, 그리고 그곳에서의 압력 및 국부저항에 의한 압력손실의 합이 같아야 하므로, 다음과 같이 쓸 수 있다.

$$\rho g z_1 = \frac{1}{2}\rho\left(\frac{Q}{A_1}\right)^2 + p_1 + \zeta_1 \times \frac{1}{2}\rho\left(\frac{Q}{A}\right)^2 \text{[Pa]} \quad \cdots\cdots (6-5)$$

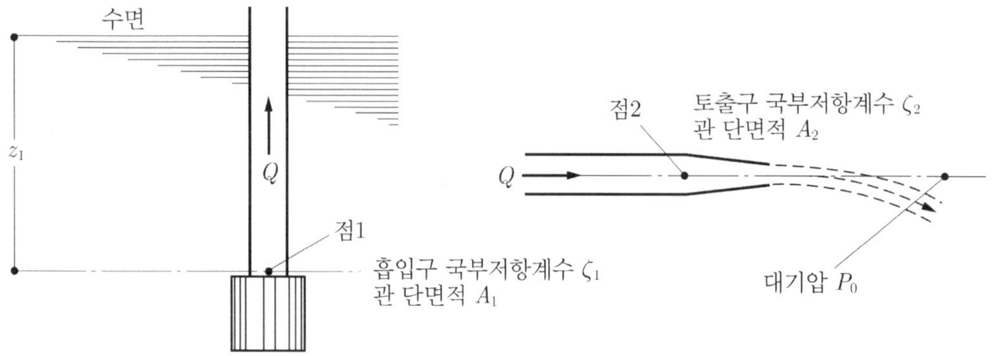

〈그림 6-3〉 관의 흡입구 및 토출구의 국부저항

마찬가지로 토출구(점 2)에서는 점 2에서의 대기압을 P_o[Pa]라고 하면, 다음과 같이 쓸 수 있다.

$$\frac{1}{2}\rho\left(\frac{Q}{A_2}\right)^2 + p_2 = P_o + \zeta_2 \times \frac{1}{2}\rho\left(\frac{Q}{A_2}\right)^2 [\mathrm{Pa}] \quad \cdots\cdots (6-6)$$

식 (6-5)와 식 (6-6)을 이용하여, 저수조 수면을 기준면으로 한 점 1 및 2에서의 전압력을 생각하면, 다음과 같이 된다.

$$\frac{1}{2}\rho\left(\frac{Q}{A_1}\right)^2 - \rho g z_1 + p_1 = -\zeta_1 \times \frac{1}{2}\rho\left(\frac{Q}{A_1}\right)^2 [\mathrm{Pa}] \quad \cdots\cdots (6-7)$$

$$\frac{1}{2}\rho\left(\frac{Q}{A_2}\right)^2 + \rho g(z_2 + z_3) + p_2 = \rho g(z_2 + z_3) + P_o + \zeta_2 \times \frac{1}{2}\rho\left(\frac{Q}{A_2}\right)^2 [\mathrm{Pa}] \quad \cdots (6-8)$$

여기서, 토출구 높이에서의 대기압 P_o를 생각해 본다.

대기압은 밀도가 1.2 $\mathrm{kg/m^3}$인 공기의 무게에 의한 압력이다. 이것에 대해서 관내 물의 밀도는 1,000 $\mathrm{kg/m^3}$이므로 식 (6-4)에서 설명한 바와 같이 식 (6-8)에서 저수조를 기준면(대기압 = 0)으로 한 $P_o(=0-\rho_a g z\,[\mathrm{Pa}]$, ρ_a는 공기의 밀도)는 무시할 수 있다.

또한 <그림 6-2>에 나타낸 바와 같이 식 (6-7)과 식 (6-8)의 좌변, 즉 (점 1), (점 2)에서 전압력은 각각 0과 $\rho g(z_2 + z_3)$로 된다는 것도 쉽게 이해할 수 있다.

따라서 (점 1)과 펌프입구, 펌프출구와 (점 2) 사이에 식 (6-4)를 적용하면 다음과 같이 된다.

$$O = \frac{1}{2}\rho\left(\frac{Q}{A_{ai}}\right)^2 + \rho q z_2 + P_{ai} + \Delta p_{ai} [\mathrm{Pa}] \quad \cdots\cdots (6-9)$$

$$\frac{1}{2}\rho\left(\frac{Q}{A_{ad}}\right)^2 + \rho g z_2 + P_{ad} = \rho g(z_2 + z_3) + \Delta p_{ad}[\mathrm{Pa}] \cdots\cdots (6-10)$$

이것으로부터 펌프에 필요한 양정 $P_{ap}(Q)$는 다음과 같이 구해진다.

$$\begin{aligned} P_{ap}(Q) &= \frac{1}{2}\rho\left\{\left(\frac{Q}{A_{ad}}\right)^2 - \left(\frac{Q}{A_{ai}}\right)^2\right\} + (P_{ad} - P_{ai}) \\ &= \rho g(z_2 + z_3) + \Delta p_{ad} + \Delta p_{ai}[\mathrm{Pa}] \cdots\cdots (6-11) \end{aligned}$$

다음에, <그림 6-2>의 (b)와 같은 밀폐회로를 생각하여 본다.

최하단 관의 중심을 높이의 기준면으로 하여, 펌프 입출구와 점 3에서의 관계에 베르누이 관계식을 적용한다.

$$\frac{1}{2}\rho\left(\frac{Q}{A_3}\right)^2 + \rho g(z_2 + z_3) + p_3 = \frac{1}{2}\rho\left(\frac{Q}{A_{bi}}\right)^2 + \rho g z_2 + P_{bi} + \triangle p_{bi}[\mathrm{Pa}] \cdots (6-12)$$

$$\frac{1}{2}\rho\left(\frac{Q}{A_{bd}}\right)^2 + \rho g z_2 + P_{bd} = \frac{1}{2}\rho\left(\frac{Q}{A_3}\right)^2 + \rho g(z_2 + z_3) + p_3 + \triangle p_{bd}[\mathrm{Pa}] \cdot\cdot (6-13)$$

따라서, 펌프에 필요한 양정 $P_{bp}(Q)$는 다음과 같이 된다.

$$P_{bp}(Q) = \frac{1}{2}\rho\left\{\left(\frac{Q}{A_{bd}}\right)^2 - \left(\frac{Q}{A_{bi}}\right)^2\right\} + (P_{bd} - P_{bi}) = \triangle p_{bd} + \triangle p_{bi}[\mathrm{Pa}] \cdots\cdots (6-14)$$

이상의 내용으로부터 다음과 같이 정리할 수 있다.

① 밀폐회로에서 펌프에 필요한 양정은 식 (6-14)로부터 알 수 있듯이 위치압(위치에 의한 압력)은 전혀 관계가 없다. 이것을 무시하고 $\rho g(z_2 + z_3)$을 더하여 펌프를 선정하면, <그림 6-4>로부터 알 수 있듯이 과대한 유량, 다시 말하면 과대한 유속이 되어 에너지를 손실할 뿐만 아니라 소음, 부식, 침식(부식의 일종으로 부식작용과 기계적 마모작용의 상승효과에 의해 생김)의 원인이 된다. 극단적인 경우에는 점 3과 같이 압력이 낮게 되는 부분에서 물속에 용해되어 있던 공기가 대량으로 방출되어 흐름이 방해받기도 하며, 이와 같은 위치에 설치된 수전으로부터는 물이 거의 나오지 않게 되기도 한다.

② 식 (6-11) 및 식 (6-14)로부터 알 수 있듯이 펌프의 입구와 출구의 구경이 같은 경우 ($A_{ai} = A_{ad}$, $A_{bi} = A_{bd}$)에는 펌프 출입구에서의 동압(속도에 의한 압력)의 차가 0(零)이 된다. 이것은 관로 내의 흐름에서도 동일하며, 관경이 같은 경우에는 속도수두를

무시하고 계산할 수 있다.

③ 국부손실계수를, 동압을 무시하고, 예를 들면, 식 (6－5) 및 식 (6－6)의 p_1, $(p_2 - P_0)$을 기초로 하여 구하는 예도 있다. 이와 같이 하여 구한 값을 '정압기준에 의한 표시' 등이라고 하지만, 수정 베르누이의 식에 기초하여 동압의 변화도 포함하여(정압기준에 대해 '전압기준'이라고 한다) 생각하는 것이 틀림이 적다. 상기의 펌프에서도 대형의 것은 입출구의 구경이 다르기 때문에 식 (6－11) 및 식 (6－14)와 같이 동압도 포함시켜 생각할 필요가 있다.

④ 물을 취급하는 경우에는 극단적인 경우를 제외하고는 높이에 따른 대기압차를 무시하여도 좋다.

⑤ 관로부분이 수중에 있는 경우 마찰 및 국부저항에 의한 압력손실만을 고려하면 되며, 위치압은 무시하여도 좋다. 마찬가지로 대기중에 있는 관로, 덕트에 공기가 흐르고 있는 경우에도 위치압력은 무시하여도 좋다.

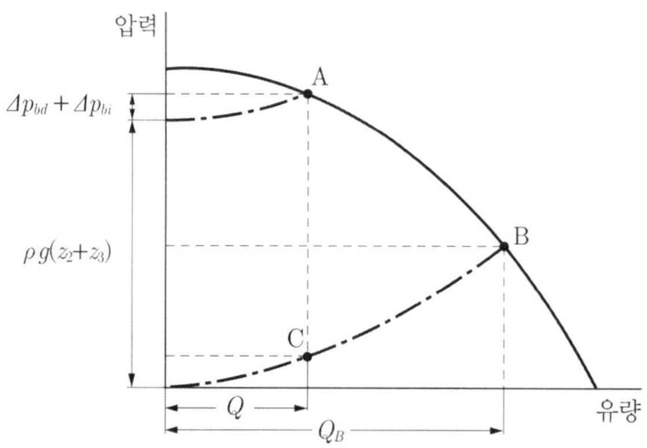

A점 : 위치압을 더한, 잘못 생각한 운전점
B점 : 잘못 선정된 펌프에서의 실제 운전점
C점 : 정확하게 선정한 펌프에서의 운전점, 마찰저항 및 국부저항에 의한 압력손실은 유량의 제곱에 비례한다.

따라서 B점에서의 압력 P_B는

$$P_B = P_C \times (Q_B/Q)^2$$

으로 된다. 유량 [m^3/s]에 압력 [Pa]을 곱하면 [W]로 된다. B점은 C점 유량의 (Q_B/Q)배, 압력은 $(Q_B/Q)^2$이므로 단위시간당 에너지는 $(Q_B/Q)^3$배로 된다.

〈그림 6-4〉 펌프의 특성곡선과 펌프의 선정

Chapter 07

차원해석과 상사법칙

Chapter 07 차원해석과 상사법칙

실제 흐름의 물리적 현상을 해석할 때, 이론적 또는 실험적 방법에 의해 해명할 필요가 있다. 이때 중요하게 나타나는 변수들을 무차원수로 조합하면 변수의 수를 줄일 수 있으며, 이 흐름과 상사인 모든 흐름에 적용할 수 있다. 실제 흐름에서 공학적으로 요구되는 대부분의 흐름의 경우, 이론 해를 얻기가 쉽지 않다. 따라서 원형(prototype)보다 치수를 크게 줄인 모형실험(model)에 의한 실험적 방법을 이용하는 경우가 많다. 실제 크기를 이용한 실험이 불가능하거나 또는 실험비용이 많이 소요될 때 모형실험을 한다. 모형실험을 통해 얻은 결과로부터 원형의 흐름현상을 정확하게 추정하기 위해서는 물리적 고찰이 필요하며, 이때 중요한 역할을 하는 것이 무차원수(dimensionless parameter)이다. 무차원수를 이용하면 물리적 해석을 보다 명확하게 할 수 있으며, 실제 실험횟수를 줄일 수 있는 등 실험을 보다 효율적으로 할 수 있다. 이와 같은 무차원 수는 일반적으로 차원해석에 의해 얻어지며, 이장에서는 차원해석법, 주요 무차원수, 모형과 원형간의 상사법칙에 대해 설명한다.

7.1 차원해석과 π 정리

7.1.1 차원해석

차원해석은 복잡한 공학문제를 해석할 때 유용하며, 물리적 현상은 물리적 차원의 함수로 표시하여 방정식을 무차원 함수로 나타낼 수 있다. 이 때 필요한 물리량은 정의 또는 물리법칙에 의하여 질량 M, 길이 L, 시간 T와 같은 기본인자를 조합하여 표시할 수 있다.

지금 어떤 물리량 Q가

$$Q = kM^{\alpha}L^{\beta}T^{\gamma} \quad \cdots\cdots (7-1)$$

로 표시될 때, k, α, β, γ는 단위를 갖지 않은 상수이다. 이 때 위 식은 Q의 차원이

$M^{\alpha} L^{\beta} T^{\gamma}$이며, $[Q]=[M^{\alpha} L^{\beta} T^{\gamma}]$라고 표기한다. 여기서 α, β, γ의 값은 그 물리량의 정의나 물리법칙에 의하여 결정된다. 그리고 식 (7−1)의 좌변과 우변은 같은 차원을 가져야 한다. 이것을 차원의 동차성(同次性)이라고 한다. 즉, 어떤 물리적 현상을 나타내는 방정식의 양변은 동일한 차원이어야 한다는 것을 나타낸다.

예로서, 제2장 유체정역학에서 압력은 $p=\rho gh$로 나타낼 수 있었는데, 우변의 값들을 기본량의 차원으로 표시하면 $[\rho]=[ML^{-3}]$, $[g]=[LT^{-2}]$, $[h]=[L]$이므로 압력 p의 차원은

$$[p]=[M^{\alpha} L^{\beta} T^{\gamma}]=[ML^{-3}][LT^{-2}][L]=[ML^{-1}T^{-2}] \quad \cdots\cdots (7-2)$$

로 된다. 그런데 압력의 물리적 정의는 '단위면적당 작용하는 힘'이고 힘 F는 $[F]=[M][L/T^2]=[MLT^{-2}]$로 나타낼 수 있으므로,

$$[p]=[F/L^2]=[MLT^{-2}/L^2]=[ML^{-1}T^{-2}] \quad \cdots\cdots (7-3)$$

으로서, 두 경우[식 (7−2)와 식 (7−3)] 모두 같은 차원이 됨을 알 수 있다.

7.1.2 Buckingham의 π 정리

유체의 흐름현상을 정확하게 추정하기 위해서는 물리적 고찰이 필요하며, 이들 물리법칙을 기술하는 관계식에 대한 차원의 동차성에 대한 고찰, 즉 차원해석에 의하여 이들이 몇 개의 변수의 조합인 무차원수들 사이의 관계로서 나타내어 문제에 대한 예측을 할 수 있다.

이러한 차원해석 방법 중에서 Buckingham의 π정리(Buckingham pi theorem)에 대하여 고찰한다.

Buckingham의 π정리는 n개의 물리량에, 기본 차원수가 m(유체역학에서는 보통 M, L, T의 3개)개일 때, 물리적 현상에서, 이들 n개의 물리량은 $(n-m)$개의 독립 무차원수 π로 나타낼 수 있다는 것을 말한다.

즉, 임의의 문제에 있어서 압력, 점성 계수, 속도 등과 같은 물리량을 A_1, A_2, $\cdots$, A_n이라 할 때, 해를 구하기 위해 해의 본질이 되는 물리량을 알아야 하며, 이들 물리량 사이에 어떤 함수관계가 다음 식으로 표시된다고 하자.

$$f(A_1,\ A_2,\ \cdots\ A_n)=0 \quad \cdots\cdots (7-4)$$

만일 물리량 A_1, A_2, $\cdots$, A_n의 무차원군은 $(n-m)$개의 독립무차원수를 사용하여, π_1, π_2, $\cdots$, π_{n-m}이라 하면, 다음 식으로 놓을 수 있다.

$$f(\pi_1,\ \pi_2,\ \cdots,\ \pi_{n-m})=0 \quad \cdots\cdots (7-5)$$

무차원수 π를 만드는 방법은 다음과 같다.

1) 물리량 A중에서 서로 다른 차원을 갖는 m(3개)개의 물리량을 선택하여 반복변수로 사용한다. 제1물리량은 기하학적 상사(L 포함)를 고려하여 길이나 직경, 제2물리량은 운동학적 상사(T 포함)를 고려하여 속도나 가속도, 제3물리량은 역학적 상사(M 포함)를 고려하여 밀도나 비중량을 선택한다.
2) 반복변수와 나머지 물리량 중 1개를 결합하여 하나의 무차원수를 구한다. 따라서 물리량 중 반복변수를 뺀 숫자만큼의 무차원수가 얻어진다. 즉 $(n-m)$개다.

이렇게 하여 얻은 무차원수 π는 필요에 따라 적당한 상수를 곱하기도 하고, 서로 곱하거나 나누기도 하며 평방근이나 역수를 취해도 된다. 또 차원해석에서 특히 주의해야 할 것은, 대상이 되는 흐름에 관련된 물리량을 처음에 모두 조사할 필요가 있으며, 지배 물리량이 누락되거나 명확치 않은 양을 포함시켜서는 안 된다.

7.1.3 레이놀즈수

유체 흐름의 특성이 속도 v, 길이 l, 밀도 ρ, 점성 μ의 물리량과 관계가 있을 때, π정리에 의하여 무차원수를 구해보면 다음과 같다.

먼저 기본량이 3개 그리고 물리량이 4개이므로, 무차원수는 $n-m=4-3=1$개다. 제1, 2, 3물리량을 각각 길이, 속도, 밀도로 취하고

$$\pi_1=\frac{l^\alpha v^\beta \rho^\gamma}{\mu}$$

으로 놓으면

$$\mu=\frac{l^\alpha v^\beta \rho^\gamma}{\pi_1}$$

따라서 차원으로 표시하면

$$[ML^{-1}T^{-1}]=[L]^\alpha[LT^{-1}]^\beta[ML^{-3}]^\gamma=M^\gamma L^{\alpha+\beta-3\gamma}T^{-\beta}$$

$$\gamma=1,\ \alpha+\beta-3\gamma=-1,\ \beta=1$$

$$\therefore\ \alpha=1,\ \beta=1,\ \gamma=1$$

$$\therefore\ \pi_1=\rho vl/\mu=Re$$

즉, 레이놀즈수 Re가 된다.

7.1.4 관마찰

매끈한 수평 원관 내를 흐르는 난류에서의 손실 $\Delta p/l$은 속도 v, 직경 d, 밀도 ρ, 점성계수 μ에 관계된다. 차원해석을 이용하여 $f(\Delta p/l, v, d, \rho, \mu)=0$의 일반형을 구하면 다음과 같다.

v, d, ρ를 반복변수로 택하면 무차원수는 $5-3=2$개다.

$$\pi_1 = v^\alpha d^\beta \rho^\gamma \mu = [LT^{-1}]^\alpha [L]^\beta [ML^{-3}]^\gamma [ML^{-1}T^{-1}]$$

따라서

$$L: \alpha+\beta-3\gamma-1=0$$
$$T: -\alpha-1=0$$
$$M: \gamma+1=0$$

로부터 $\alpha=-1$, $\beta=-1$, $\gamma=-1$을 얻는다.

$$\therefore \ \pi_1 = \frac{\mu}{vd\rho}$$

또, $\pi_2 = v^\alpha d^\beta \rho^\gamma \Delta p/l = [LT^{-1}]^\alpha [L]^\beta [ML^{-3}]^\gamma [ML^{-2}T^{-2}]$

따라서

$$L: \alpha+\beta-3\gamma-2=0$$
$$T: -\alpha-2=0$$
$$M: \gamma+1=0$$

로부터 $\alpha=-2$, $\beta=1$, $\gamma=-1$을 얻는다.

$$\therefore \ \pi_2 = \frac{\Delta p/l}{\rho v^2/d}$$

무차원수 π는 필요시 역수를 취할 수 있으므로

$$f\left(\frac{vd\rho}{\mu}, \frac{\Delta p/l}{\rho v^2/d}\right)=0$$

가 된다. 첫 번째 무차원수 $\frac{vd\rho}{\mu}$는 레이놀즈수 Re로 표기한다. 이것은 흐름의 성질을 결정

한다. $\Delta p / l$에 대하여 풀면

$$\frac{\Delta p}{l} = f_1\left(Re, \frac{\rho v^2}{d}\right)$$

보다 일반적으로 사용되는 공식형은

$$\frac{\Delta p}{l} = f(Re)\frac{\rho v^2}{2d}$$

이것을 수두손실 항으로 표시하면 다음과 같다($\Delta p = \rho g h_f$).

$$h_f = f(Re)\frac{l}{d}\frac{v^2}{2g}$$

7.2 상사법칙

펌프나 흐름도중에 놓여 있는 비행기나 배와 같은 실제 크기가 큰 것(원형, prototype)을 사용하여 실험을 하면 많은 비용이 소용되거나 많은 노력을 필요로 하거나 크기의 변경 등도 쉽게 할 수 없다. 이와 같은 때에 실물을 축소한 모델(모형, model)로 실험을 하여, 실물의 결과를 추정하는 경우가 많다. 원형과 모형 간에 존재하는 관계를 상사법칙이라고 한다.

원형과 모형 간의 흐름이 상사가 되기 위해서는 다음과 같은 상사조건이 원형과 모형 사이에 성립할 필요가 있다.

7.2.1 기하학적 상사

원형과 모형에서 각각 대응하는 길이의 비가 모두 동일할 것, 또한 2변 간의 각도가 동일할 것을 의미한다. 결국 이것은 2개의 삼각형의 상사와 동일하다.

7.2.2 운동학적 상사

원형과 모형이 각각 대응하는 유선 상에서 대응하는 점에서의 속도비·가속도비·유량비 등이 동일할 것을 의미한다.

7.2.3 역학적 상사

원형과 모형에서 각각 대응하는 점에 작용하는 힘(점성력, 중력, 압력, 관성력, 표면장력 등)의 비가 동일할 것을 의미한다.

예를 들면, 원형과 모형 사이에 각종 힘의 비로 정의된 무차원수인 레이놀즈수, 프루드수, 웨버수 등이 같을 때 역학적인 상사를 만족한다.

7.2.4 무차원수

흐름의 장에 작용하는 힘에는 다음과 같은 것이 있다.

① 압력에 의한 힘
② 관성력
③ 점성력

④ 중력의 가속도에 의한 힘
⑤ 탄성력
⑥ 표면장력에 의한 힘

일반적으로 물리량의 차원은 기본차원인 질량 M, 거리 L, 시간 T의 조합이다. 예를 들어 압력의 차원은 다음과 같다.

$$\begin{aligned} \text{압력} &= \text{힘}/\text{면적} = (\text{질량} \times \text{가속도})/\text{거리} \\ &= (\text{질량}/\text{거리}/\text{시간}^2)/\text{거리}^2 \\ &= \frac{ML}{T^2L^2} = \frac{M}{LT^2} \end{aligned}$$

지금 압력 p [Pa], 길이 l [m], 속도 v [m/s], 유체의 밀도 ρ [kg/m^3], 유체의 점성도 μ [Pa·s], 표면장력 σ [N/m], 체적탄성계수 K [Pa]라고 하면,

① 압력에 의한 힘 = 압력 [Pa] × 면적 [m^2] $= pA = pl^2$
② 관성력 = 질량 [kg] × 가속도 [m/s^2] $= (\rho l^3)(v^2/l) = \rho v^2 l^2$
③ 점성력 = 전단력 [Pa] × 면적 [m^2] $= \tau A = \mu \dfrac{dv}{dy} A = \mu(v/l)l^2 = \mu v l$
④ 중력의 가속도에 의한 힘 = 질량 [kg] × 중력가속도 [m/s^2] $= mg = \rho l^3 g$
⑤ 탄성력 = 체적탄성계수 [Pa] × 면적 [m^2] $= KA = Kl^2$
⑥ 표면 장력에 의함 힘 = 표면장력 [N/m] × 길이 [m] $= \sigma l$

로 된다.

이와 같은 힘 모두를 생각하는 것은 어렵기 때문에 흐름 현상을 생각할 때는 이들 힘 중에서 가장 흐름에 영향을 주고 있는 2개의 힘에 주목하여, 원형과 모형에서 그들 힘의 비가 같다고 하면 역학적으로 상사 조건이 성립한다.

다음에 2개의 힘의 비로서 대표적인 무차원수를 나타낸다.

(1) **레이놀즈수**(Reynolds′ number)

$$Re = \text{관성력}/\text{점성력} = \frac{\rho v^2 l^2}{\mu v l} = \frac{\rho v l}{\mu} = \frac{v l}{\mu/\rho}$$

(2) **프루드수**(Froude number)

$$Fr = (\text{관성력}/\text{점성력})^2 = \sqrt{\frac{\rho v^2 l^2}{\rho l^3 g}} = \frac{v}{\sqrt{lg}}$$

(3) **오일러수**(Euler number)

$$Eu = \text{관성력/압력에 의한 힘} = \frac{\rho v^2 l^2}{p l^2} = \frac{\rho v^2}{p}$$

(4) **웨버수**(Weber number)

$$Wu = \text{관성력/표면장력에 의한 힘} = \frac{\rho v^2 l^2}{\sigma l} = \frac{\rho l v^2}{\sigma}$$

점성의 영향이 큰 흐름의 경우, 원형과 모형에서 레이놀즈수를 일치시킬 필요가 있다. 그리고 점성의 영향을 무시할 수 있고 관성력과 중력의 영향이 큰 경우, 예를 들면 배가 물 위에 떠서 흘러가고 있을 때는 프루드수를 일치시킬 필요가 있다.

유체역학에서의 주요 무차원수는 다음과 같이도 분류할 수 있다.

① 점성유체의 실제 관내유동 : Reynolds수

② 자유표면 유동 : Froude수, Weber수

③ 음속 또는 초음속 유동 : Mach수

④ 공동(空洞)이 포함되는 유동 : Cavitation수

기초 **유체역학**

값 14,000원

저 자	이 용 화
발행인	문 형 진

판 권
검 인

2018년 2월 27일 제1판 제1쇄 발행
2020년 9월 16일 제2판 제1쇄 발행

발행처 **세 진 사**

㊐02859 서울특별시 성북구 보문로 38 세진빌딩
TEL : 02)922-6371~3, 923-3422 / FAX : 02)927-2462
Homepage : www.sejinbook.com
〈등록. 1976. 9. 21 / 서울 제307-2009-22호〉